王仁湘◎著

文物·图像·历史系列

味无味

餐桌上的历史风景

U0349980

四川出版集团

四川人民出版社

图书在版编目（CIP）数据

味无味：餐桌上的历史风景 / 王仁湘著. 一成都：
四川人民出版社，2013.9（2017.9重印）

ISBN 978-7-220-08881-0

Ⅰ.①味… Ⅱ.①王… Ⅲ.①饮食 - 文化 - 中国
Ⅳ.①TS971

中国版本图书馆CIP数据核字（2013）第134506号

味无味：餐桌上的历史风景
WEIWUWEI CANZHUO SHANG DE LISHI FENGJING

王仁湘 著

责任编辑	周　颖　吴焕姣
装帧设计	杨　潮
责任校对	蓝　海
责任印制	李　剑　孔凌凌
出版发行	四川出版集团（成都槐树街2号） 四川人民出版社
网　址	http://www.scpph.com http://www.booksss.com.cn E-mail:scrmcbsf@mail.sc.cninfo.net
防盗版 举报电话	（028）86259524
制　作	四川胜翔数码印务设计有限公司
印　刷	北京龙跃印务有限公司
成品尺寸	170mm×240mm
印　张	11.375
字　数	200千字
版　次	2013年9月第1版
印　次	2017年9月第3次印刷
书　号	ISBN 978-7-220-08881-0
定　价	39.00元

目录

有老子言：为无为，事无事，味无味。知味者亦言：至味无味，本味为至味。

书论滋味，绝少议论肴馔在味蕾上发散的刺激，只于并无滋味的文物与文本中体味一番，故借来老子言，名之曰"味无味"。

味无味 •••

餐桌上的历史风景

肆 礼饮礼食 ··· 121

人平日可以粗茶淡饭，却总要追求适口的滋味，五味咸酸苦辣甜，一味不可少。人有时可以狼吞虎咽，却总要聆听席不正不坐、割不正不食的教诲，食之有仪。

《列子·黄帝》有云："有七尺之骸、手足之异，戴发含齿，倚而食者，谓之人。"《礼记·礼运》则言："人者，天地之心也，五行之端也，食味、别声、被色而生者也。"

美食美器佳境

造器之初，为食所用。土陶铜瓷，莫不如是。
器美增食味，佳境添食色，美食美器佳境，相得益彰。

代序
考古学与饮食文化史研究

对于饮食文化史，考古学可以由食物史、饮食器具发展史、烹饪史、古代饮食方式、饮食礼俗、中外文化交流及饮食史分期等多方面开展研究。在这里我就分别从这几个角度谈谈自己的看法。

一、中国食物史的考古学研究

研究饮食史，首先应当注重食物史的研究。谷物栽培制约着人类的饮食生活，也是社会发展进步的基础。在现代考古学发达之前，人们通常在先秦文献所提供的资料中，寻找各种谷物起源时代的证据，如《诗经》和诸子著作等局限性很大。有了考古学提供的大量实物标本和年代测定数据，谷物起源的研究才有了真正的科学基础。

农耕的发明，被考古学家确定为新石器时代到来的主要标志之一。中国现今发现的新石器时代文化遗存，最早的已有1万年的历史。确定不移的发现已经证实，在距今8000～9000年前，中国已有粟、黍和水稻三种谷物的栽培。现在我们可以确认这三大谷物的原产地是在中国，但是更早的驯化标本却还没有找到，还有待史前考古研究领域的进一步拓展。其他谷物在中国的最早栽培年代问题，如小麦和高粱等，在文献无法解决这些疑难的情况下，我们也只有寄希望于考古发掘了。

除谷物种植外，食物史理所当然地包纳家畜饲养史在内，与此相关的家畜起源问题，也是新石器时代考古研究的重要课题之一。考古发现证实：在中国较早驯育成功的家畜有狗、猪和鸡，年代在距今7000～8000年前。稍后，又有了家养牛、马、山羊和绵羊。中国古代传统饲养的"六畜"，在繁荣的青铜时代到来之前已经全备。

传统的中国食谱，具有选料广泛的特点，五谷菜蔬，飞禽走兽，皆可为美馔。古老的医学典籍《内经》，早在2000多年前就提出了"五谷为养、五果为助、五畜为益、五菜为充"的营养原则，正是基于史前时代即已建立起来的饮食传统。对于这个传统的深入研究，还需要史前考古学的帮助。

二、饮食器具发展史的考古学研究

过去对炊器和食器的历史都不曾有过全面系统的研究，尽管这类文物的发现已是数以万计，人们对它们的用途有时还不完全清楚，有的甚至连名称也叫不出来。

在中国古代饮食史上，可以划出一个鼎食时代来，起自新石器时代，止于汉代以前，长达6000余年。这一时代使用大量的鼎类三足器，这就造就了古代中国的粒食与羹食传统，对远古的烹饪饮食方式乃至社会经济和文化传统的形成，产生了不可估量的影响。但过去对这个时代饮食器具的研究开展得很不够，还可以提出许多研究课题来。

考古发现有时会令人耳目一新，如商代就有汽锅，周代已有火锅，史前见到陶鏊、陶甑，汉代有泡菜坛等，弥补了文献记载的不足。从精美的彩陶，到庄重的青铜器、华美的漆木器、光洁的瓷器和辉煌的金银器，都体现着美食美器的古老传统，这些不仅要从艺术史的角度，也要由饮食史的角度进行研究。

三、烹饪史的考古学研究

烹饪史上的许多问题，都可以由考古研究获得理想的答案。通过出土炊器的研究，我们可以全面了解古代烹饪方式和技法；通过出土食物的研究，可以窥见古代烹饪所取得的成就。

考古还发现不少绘有烹饪和饮食活动的画像石、画像砖和壁画等，也有一些相关的文字资料出土，这都是研究烹饪史的珍贵资料。

四、古代饮食方式的考古学研究

古代中国的饮食方式和礼俗，有自己鲜明的特色，悠久的传统一直影响着现代人的生活。例如进食方式，过去认为我们古代只有筷子，而考古发现证实，早在先秦时代已有多种进食器具，吃饭用匕、食羹用箸（筷子）、食肉用叉，分工还比较严格。中国最早出现的进食具是餐匙，已有8000年的历史。筷子则至迟在商代已开始使用。餐叉出现在新石器时代末期，战国时代使用比较普遍。考古还发现元代配套使用的餐叉和餐刀。考古提供的证据表明，餐叉以中国发明的最早，西方使用餐叉不过几百年的历史，而中国却有4000年以上的历史。

五、古代饮食礼俗的考古学研究

在我们这个极重礼仪的国度，最重要的算是饮食之礼。食礼食俗包纳的内容十分丰富，不少出土文物都反映了这方面的内容。

古代以一种小食案进食，龙山文化发现了最早的食案，案上置有饮食器具和肉食。与小食案相适应的，是一种分食制，一人或二人用一案，这是汉代画像石上常见的场面。

魏晋以后，由于高椅大桌的出现，古人改变了原来席地而坐的习惯，许多人可以围坐在一张桌子边进食了，象征团结和睦的会食制就是这个时代的产物。唐宋时代的壁画和传世绘画，对会食时的热烈场面都有生动的表现。

再有，周代贵族钟鸣鼎食的派头，魏晋名士纵酒酣饮的风度，唐宋文人试茶斗茶的雅致，考古发掘到的资料都可用于这些方面的研究，这些研究还大有潜力可挖。

六、饮食文化交流史的考古学研究

东西南北的交流，中外的交流，丰富了中国饮食文化的内涵。这些交流有物方面的，也有食俗方面的，还有烹饪法方面的，在考古学上表现最为明了的则是饮食器皿方面的。

在这方面我们只举一两个例子。如中国引以为骄傲的古代瓷器，从隋唐时代起就通过各种渠道输往国外，在东北亚、东南亚、南亚、波斯湾、阿拉伯半岛、北非、东非等地，都出土了不少中国古瓷，其中数量最多的是饮食类器皿。中国的外销瓷对古代西方社会的饮食生活乃至政治生活，都产生了深远的影响。

又如中国古代茶学茶道向日本向全球的传播，也是中国饮食文化对外交流的一个重要例子，只是还没有由考古学上寻得更多的实物证据，需要在世界范围内收集资料进行研究。

七、饮食史分期的考古学研究

在饮食史学和烹饪学界，对于饮食史的分期存在一些不同认识，究竟该以什么标准划分几个发展阶段，还没有一致的意见。从考古学这个角度来研究饮食史的分期，有一定的便利之处。从考古学研究的现有成果考虑，如果按烹饪进步的过程来划分，可分为茹毛饮血时期、火燔时期、陶烹时期、灶烹时期几大段。若是由饮食方式来划分，则又可分为围食、分餐与会食几个时期。围食是史前时代发生的事，人们通常围坐在篝火或火塘边进食。分餐是随着文明时代的到来而开始的，当与等级制度的出现有密切联系，分餐制以几案的使用为重要特征。会食共餐制则是以桌椅的出现为前提条件的，热烈的饮食氛围得到充分的体现。

饮食史的分期可以考虑以饮食方式的变化为主线，以烹饪方式的发展为辅线。要解决好这个问题，显然需要以考古资料做依据，尤其是对史前时代和青铜时代的处理，更是离不了考古学研究。

八、研究前景展望

饮食文化史研究同考古学研究一样，离了实物资料有时会令人一筹莫展，无从下手。考古学可以源源不断地提供丰富的实证资料，来为饮食文化史的研究服务。实际上，考古研究的相当多的课题都属于饮食史方面，两个学科有内在的紧密联系。如果将两个学科共同的研究课题有机地结合起来，将考古学研究方法引入饮食史的研究，我们称它为"饮食考古学"也未尝不可。

愿更多的考古学家来关心和参与饮食考古研究，也愿更多的饮食史家充分利用日益丰富的考古资料，将研究的深度和广度再提高一步。我相信，"饮食考古学"研究一定会是大有可为的。

壹

餐桌风景

梁鸿与孟光，是汉代时的一对恩爱夫妻。在进食之前，妻子每每要将餐桌举起，与眉眼平齐，以示对丈夫的敬重。

你能高高举起餐桌吗？不能，不可能。

可孟光一个弱女子能，那是为何？

◎举案，如何齐眉

筵宴要脱鞋登堂，在古代是早就有了的传统。有时大臣面见君主，不仅要先脱去鞋子，而且还要脱去袜子，要光着脚丫，称为"跣足"，这是一种礼仪。《左传·哀公二十五年》说，有一次卫国国君出公与大夫们正在灵台饮酒，市官褚师声子"袜而登席"，没脱袜子就入了筵席。卫出公认为这是一种无礼的举动，十分生气，褚师声子辩解说："我的脚上有伤病，与别人不同，如果让人看见了，难免要恶心呕吐，所以没敢脱袜子。"听了这话，卫出公越发不饶人，以为这人是故意与他作对，无论侍坐的大夫们如何劝解都不行，执意要砍断褚师声子的双脚。不脱袜子登席竟犯有如此大的罪过，这不是今天的人所能理解的。

到了汉代，对于这一礼仪，也不折不扣地继承了下来，甚至一般的士大夫家庭，也严守不怠。《淮南子·泰族训》说："家老异饭而食，

汉画《跣足登堂图》（河南新野）

殊器而享。子妇跣而上堂，跪而斟羹。非不费也，然而不可省者，为其害义也。"一家之内，老人吃的饭要好，用的器具也要好，儿媳要脱了鞋袜才能上堂，盛羹时还要恭恭敬敬跪

着。这些规矩都不可省却，尽管你感
到有些繁琐也不行。

作为一个女人，不仅对老人要恭
恭敬敬，结了婚，对丈夫也要以礼待
之，这在汉代是毫不含糊的。东汉隐
士中有一位梁鸿，初时受业于太学，
后入上林苑牧豕。还乡时娶孟光为
妻，隐居霸陵山中，以耕织为业。此
后梁鸿又携妻到今苏州一带，住在一
个有钱人皋伯通的屋檐下，卖力舂米
度日。瞧这样子，与当今远行的打工
者并无二致。每当梁鸿劳作归来，妻
子为他准备好饭食，将食案举过眉头
送到他的面前，甚至都不敢抬头看丈
夫一眼。那位皋伯通见此情景，深受
感动，将这对患难夫妻请到自己家里
住下，使他们免受风雨。

孟光的举案齐眉，成为夫妻相敬
如宾的千古佳话。孟光或许是受了封
建纲常观念的影响，然而她这样举案

战国陈食铜俎

汉画《宴乐图》

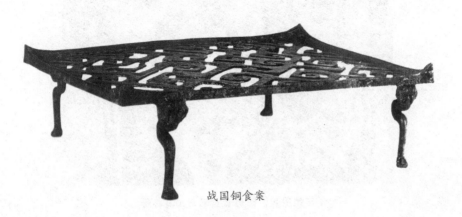

战国铜食案

齐眉，却是那个年代一种通行的礼节。《汉书·外戚传》说皇后朝见皇太后，也要亲自举案上食的。

一个女子，如何能将摆着饭食的食案举那么高呢？原来汉代普遍流行使用矮而小的方案或圆案做食案，它其实是一种相当轻盈的家具。由一些画像石观察，饮食者坐在席上，席前设案，常见一人一案或两人一案。案上置盘盏一二，或有耳杯数件，筷子一双。其他较重的酒樽、酒壶和食盒等，一律放在案旁的地上，取用方便。后来有的夫妻尽管相亲相爱不亚于梁鸿和孟光，却难再去举案齐眉了，因为从食案到餐具都有了改变，餐桌太重了，不易频频举起。

汉画《宴饮图》

《宴饮图》，圆形食盘里刻画有杯箸。

汉代漆案盘（湖南长沙）

汉代因为食案矮小，所以餐具也很轻巧，有时连大些的盘子和碗都不用，却风行直接用小小的耳杯盛肴馔吃，这耳杯本是专用于饮酒的。就连周代盛行的小鼎形火锅，这时也都铸成耳杯的形状，再配以炭炉，分称为染杯和染炉。这种耳杯的容量一般只有130毫升～250毫升，与染炉合起来高不过10厘米～14厘米，小巧玲珑，可直接放在食案上使用。

◎小大之变迁：历代食案餐桌

中国古代进餐方式，在很早就形成了富有特点的传统。那还是一个没有使用椅子的时代，一般人除了席地而坐外，有身份的贵族要凭俎案而食。食案上摆放各种食品，食物互不混杂，而且不同馔品有时还得摆放在固定的位置。依现代的眼光看，那时的食案并不大，也不高，席地取食较为方便。

在山西襄汾陶寺龙山文化墓葬中，出土了一些用于饮食的木案。木案平面多呈长方形，长约1米左右。木案出土时，案上还放有酒具、刀具和食物多种。在遗址还发现了与木案形状相近的木俎，也是长方形，略小于木

商代陈放肉食类祭品的铜俎

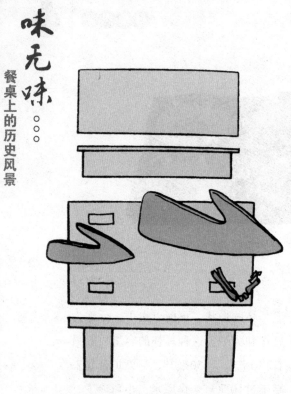

味无味……
餐桌上的历史风景

龙山文化食案（山西陶寺）

魏晋砖画《庖厨图》

案。俎上放有石刀、猪排或猪蹄等，这应是放置祭祀牲畜的祭俎。陶寺遗址的发现十分重要，它将食案的历史提到了4500年以前。

在夏商时期的墓葬中也有俎案出土，大型的墓葬中最多有三个，较小型的墓葬中至少有一个。这显然承继了史前时代的传统，食之有案，是贵族们已经非常固定的宴饮方式。

古代中国人进食，一般都是席地而坐，面前摆着一张低矮的小食案，案上放着轻巧的食具，重而大的器具直接放在席子外的地上。后来说的"筵席"，正是这古老分餐制的一个写照。汉代孟光举案齐眉，正是因为食案不大不重，一般只限一人使用，所以妇人也能轻而易举。

在汉墓壁画、画像石和画像砖上，经常可以看到席地而坐、一人一案的宴饮场面，看不到许多人围坐在一起狼吞虎咽的场景。低矮的食案是适应席地而坐的习惯而设计的，从战国到汉代的墓葬中，出土了不少木制食案实物，常常饰有漂亮的漆绘图案。

汉代呈送食物还使用一种案盘，或圆或方，有实物出土，也有画像石描绘出的图像。承托食物的盘如果加上三足或四足，便是案，正如颜师古《急就章》注所说："无足曰盘，有

足曰案，所以陈举食也。"

不仅是进食用小食案，汉代厨人也是以小案方式作业，出土的许多庖厨陶俑全是蹲坐地上，面前摆着低矮的俎案，俎上堆满了生鲜食料。其中以长江三峡地区出土的庖厨俑最是精彩，面对满案的食料，盛装的厨师脸上也堆满了微笑。

不过这样的小食案后来终究被高桌大椅取代了，古中国人的饮食方式也因此发生了重大改变。

用高椅大桌进餐，在唐代已不是稀罕事，不少当时的绘画作品都提供了可靠的研究线索。如敦煌473窟唐代宴饮壁画，画中绘一凉亭，亭内摆着一个长方食桌，两侧有高足条凳，凳

上面对面地坐着9位规规矩矩的男女。

还有西安附近发掘的一座唐代韦氏家族墓中，墓室东壁见到一幅《野宴图》壁画，画面正中绘着摆放食物的大案，案的三面都有大条凳，各坐着3个男子。男子们似乎还不太习惯把他们的双腿垂放下地，依然还有人采用盘腿的姿势坐着。

像餐桌这类家具的改变，引起了社会生活的许多变化，也直接影响了饮食方式的变化。分餐向会食的转变，没有这场家具变革是不可能完成的。家具的稳定发展，也保证了饮食方式的恒定性。

在敦煌285窟的西魏时代壁画上，看到了年代最早的靠背椅子图形。有

五代南唐顾闳中绘《韩熙载夜宴图》局部

《清明上河图》上的小馆，高桌条凳，桌上摆着筷子。

明代紫檀方桌

意思的是椅子上的仙人还用着惯常的蹲跪姿势，双足并没有垂到地面上，这显然是高足坐具使用不久或不普遍时可能出现的现象。在同时代的其他壁画上，又可看到坐胡床（马扎子）的人将双足坦然地垂放到了地上。洛阳龙门浮雕所见坐圆凳的佛像，也有一条腿垂到了地上。

唐代时各种各样的高足坐具已相当流行，垂足而坐已成为标准姿势。1955年在西安发掘的唐代大宦官高力士之兄高元珪墓，发现墓室壁画中有一个端坐椅子上的墓主人像，双足并排放在地上，这是唐代中期以后已有标准垂足坐姿的证据。可以肯定地说，在唐代时，至少在唐代中晚期，古代中国人已经基本上抛弃了席地而坐的方式，最终完成了坐姿的革命性改变。

在敦煌唐代壁画《屠房图》中，可以看到站在高桌前屠牲的庖丁像，表明厨房中也不再使用低矮的俎案了。

大约从唐代后期开始，在高椅大桌上会食已十分普遍，无论在宫内或是民间，都是如此。据家具史专家们的研究，古代中国家具发展到唐末五代之际，在品种和类型上已基本齐全，这当然主要指的是高足家具，其中桌和椅是最重要的两个品类。家具的长足发展，也保证了饮食方式的恒定性。

◎分餐与会食

从商周至两汉时期，传统的饮食方式是席地而坐，不论多么盛大的筵宴，都是一人一案，一人有一份馔品，是一种分餐的形式。到了唐代，这种情况有了根本的改变，高足的桌椅取代了坐席和食案，饮食方式也由分餐一变而为会食，一种延续至今的新传统逐渐形成了。

汉画《宴饮图》

唐代的坐椅　图1、图2为敦煌莫高窟壁画　图3为西安高氏墓壁画

这样的变化早在公元5～6世纪的北朝时期即已开始。当时进入中原建立政权的西北少数民族，带来了自己的文化，这对汉文化旧有的传统是一个极大的冲击。西晋王朝灭亡以后，生活在北方的匈奴、羯、鲜卑、氐、羌等民族陆续进入中原，先后建立了他们的政权，这就是历史上的十六国时期。频繁的战乱，还有居于国家统治地位民族的变更，使得中原地区自商周以来建立的传统习俗、生活秩序及与之紧密关联的礼仪制度，受到了一次次强烈的冲击。正是在这种新的历史背景下，导致了家具发展的新趋势。传统的席地而坐的姿势也随之有了改变，常见的跪式坐姿受到更轻松的垂足坐姿的冲击，这就促进了高足坐具的使用和流行。公元5～6世纪新出现的高足坐具束腰圆凳、方凳、胡床、椅子逐渐取代了铺在地上的席子，"席不正不坐"的传统要求也就慢慢失去了存在的意义。

这些少数民族政权一方面在吸收先进的汉文化，一方面又发扬着自己的传统文化，客观上给汉文化融进了新的内容。这个时期出现的高足坐具改变了传统席地而坐的姿势，尽管这种改变是局部的，渐进的，但它显示出的是一个新的发展方向。有的学者对这个问题有过专门的研究，特别指出敦煌莫高窟中这一时期的佛像的坐姿，已改跪坐式为垂足式，这也是当时社会生活的写照。

从唐代开始，新的传统又有了进

一步发展，大桌大凳已比较常见，而且都已进入人们的饮食生活。在敦煌壁画中见到的《宴饮乐舞图》《宴饮图》等，可见到八九个人围坐在一张长方形大桌前，桌子的每边都有大长条凳，几个人合坐一起。桌上摆着各种馔品，每人面前摆着筷子和羹匙。还有前面已经提及的在长安发掘到的韦氏家族墓中的那幅《野宴图》壁画，与敦煌壁画《宴饮乐舞图》和《宴饮图》内容大体相似，饮宴方式也相同。从这幅壁画和唐代敦

敦煌唐代壁画《屠房图》

唐代壁画《野宴图》

齐心协力的餐桌风景

煌的其他壁画可以看出，人们虽然已坐上了高足凳，有时还是不习惯垂足的姿势，常常盘坐在凳子上，还保留着席地而坐的姿态。为了适应这种传统转变的过渡趋势，唐人的条凳做得特别宽大。由此可见，唐代是完成这种传统转变的关键时期。传世唐代绘画《备宴图》，也明白地画着高桌大凳，桌上摆满了盘盏，表明皇宫中也有围桌共食的事，旧有的传统已从根本上动摇了。

这种新的会食方式，为烹饪的发展创造了一些前所未有的便利条件。有关记载中提到的梵正"辋川图小样"大型花色拼盘，它的出现正是以会食作为前提的。过去的烹饪，是以

分食制度为前提的，所以大菜不多。现代中国烹饪的水平之所以高，是建立在会食基础上的，否则恐怕难有今日的成就。现在的人们，多从卫生角度出发，对唐以来形成的会食传统口诛笔伐，倡导一种新的分餐制，这对中国烹饪所带来的影响，也会是相当大的。

事实上，会食的传统也不是轻而易举建立起来的。唐代绘画中所表现的一些会食场面，常常在实质上还是分食，人们虽围坐在同一张桌子旁边，但各人都有一套餐具，都有一份馔品。有些公用的馔品，先须以公用的餐具拿到自己的餐盘里，才能享用。传为五代南唐杰出画家顾闳中所

作的名画《韩熙载夜宴图》，所绘韩熙载与宾客静听琵琶演奏一景，听者面前摆有并不大的高桌，每人面前都有一套餐具和一份馔品，互不混杂，界限分明。由此又可看出分食的传统，在社会生活中并未完全革去。

人们现在极力倡导的分食制，以为可拿西洋方式做榜样，实际上唐代就有具有聚食气氛的分食制。我们只要取唐代的模式来改进一下就可以了，不必从西洋去引进。

◎桌面上的小主宰：勺子、叉子和筷子

面对着一日三餐的饮食，我们实践着程式化的进食方式，这样的进食方式很传统，也很文化。人类进食采用的方式，据国外学者的研究，在现代社会流行最广的是这样三种：用手指，用叉子，用筷子。用叉子的人主要分布在欧洲和北美洲，用手指抓食的人生活在非洲、中东地区、印度尼西亚及印度次大陆的许多地方，用筷子的人主要分布在东亚地区。中国人是用筷子的主体，是筷子的创制者，是筷子传统的传人。

我们使用筷子的历史是何时开端的？古代中国人是如何进食的呢？古代是否还采用过其他什么进食器具呢？要回答这样的问题，应该说并不很困难，我们有浩如烟海的典籍，仔仔细细一查，一定会有理想的答案。其实不然，历史学家们并不是不屑于回答这看来似乎不怎么要紧的问题，

汉画《会饮图》，盘中有箸。

汉画《哺父图》

汉画《宴饮图》，每人面前的食盘上都放有箸。

因为史籍中确实不容易找到完满的答案，有人做过这样的尝试，但这种努力的收获微乎其微。

现代考古学为此提供了一个新的机会，考古发掘让我们得到了许多古籍中没有载入的重要信息。田野考古发掘出土的大量古代进食器具实物，将我们所要寻求的答案明晰地展示到了世人面前。这些物件虽然很小，却是人们生活的必需品，所以在古代的墓葬中也用它们做随葬品，是为了让死者在冥间也拥有它们。

我们可以这样设想，远古时代的人类最初并不知道要凭借什么餐具享用食物，甚至还没有发明任何容器和取食用具，连严格意义的烹饪尚且没有发明，自然也不可能会有规范的进食方式，人们随手将食物取来送达口腔，一切顺其自然。人类在这一时代

的饮食方式，与其他灵长类动物没有什么明显的区别。到了饮食生活发展的一定阶段，进化中的人类的进食方式开始有了一些变化，不仅发明了烹饪用具，也创制了一些进食器具。除了仍然有一些至今还在直接用手指将食物送达口腔的部族以外，人们大都或先或后地创造或选择了一种乃至几种进食用具。在漫长的岁月中，生活在不同地域的人类群体，将自己所创造或接受的进食方式形成传统保留起来，作为自己文化传统的一个重要内涵，使它代代相传。

由考古资料提供的证据表明，古代中国人使用的进餐用具，主要有勺子和筷子两类，还曾一度用过刀叉。这些进食器具中，最能体现中国文化特色的是筷子，它的使用至少已有3000多年连续不断的历史，筷子被外

日本画中表现的17世纪中国船宴的场景，每人面前有横置的筷子和勺子。

域看作是中国的国粹之一。而考古学证实，中国的餐叉出现在4000多年前，而随着西餐传入的餐叉却只有1000年左右的历史，这样的发现让我们感到惊诧，让我们生出许多的联想。

古代中国人使用勺子的历史也十分悠久，勺子的起源可以追溯到距今8000多年以前的新石器时代。勺子与筷子一样，成为中华民族传统的进食器具，也成为我们传统文化的一个重要组成部分。

华夏民族历史上拥有过世界上各国所常用的各种类型的进食具，在所有以往使用过的进食具中，筷子具有比之刀叉还要轻巧、灵活、适用的优点。

◎8000年的渊源：餐勺

作为进食具的餐勺，在古代的名称或为匕，或为匙，还有其他现在已不详知的名称。在周代的青铜餐勺上，通常自铭为"匕"，这应当是周人对餐勺所取的固有名称。匕是餐勺在古代中国的通名。秦汉以后的文

兴隆洼文化的骨勺　　　　　　　河姆渡文化的象牙匕

献中，餐勺仍以匕为通称。汉代已开始称匕为匙，《说文》云："匙，匕也"，《方言》云："匕谓之匙"，表明在汉代和汉代以后，匕与匙的名称是能够互换的，但比较而言，匕作为专名使用更为广泛一些。

在现代社会，匕的古称已经完全消失，我们可以把餐勺称为勺子、饭勺，也可以称为瓢羹、汤匙，还可以称为茶匙等等，既体现有古代的传统，也体现有现代的色彩。

中国古代餐勺的起源，可以追溯到农耕文化出现的新石器时代。原始农耕时代的先民们，在创造独到烹饪方式的同时，也创造出了讲究的进食方式，制作出小巧的餐勺作为进食具。

栽培技术的发明，让人类拥有了新的食物来源，农人们每年都能收获到自己生产的粮食。在东方最早培育成功的粮食作物主要是大米和小米两种，这两种粮食的食用方式虽然比较简单，从古到今都是以粒食为主，但不能像面食那样直接用手指取食。尤其在享用滚烫的粥饭时，必须借助另外的器具才可以。于是餐勺很自然地被发明出来，它成了古代中国人餐桌上一种虽不那么起眼却是很重要的家

凌家滩文化玉匙（安徽含山）

什。

北方辽河区域的兴隆洼文化，有可能最先培育种植了粟、黍，已经制作出非常精致的骨勺，这是8000年前的作品。勺柄钻有孔眼，便于随身携带。

生活在黄河流域及其他一些地区的农耕部落的居民，大多形成了使用餐勺进食的传统。考古工作者在许多新石器时代遗址都发现了餐勺，有些地点出土的数量相当可观。这些餐勺大都以兽骨为主要制作材料，形状常见匕形和勺形两种。匕形勺为扁平长条形，末端磨有薄利的刃口；勺形的窄柄有平勺，制作较为讲究。两种勺表面磨制都很光滑，用于取食的一端往往还磨出刃口。很多餐勺在柄端都穿有一系绳的小孔，便于携带。在这两种勺中，以匕形勺发现的数量较多，表明新石器时代居民使用最多的是长条形的勺，它的制作相对而言要简便一些。

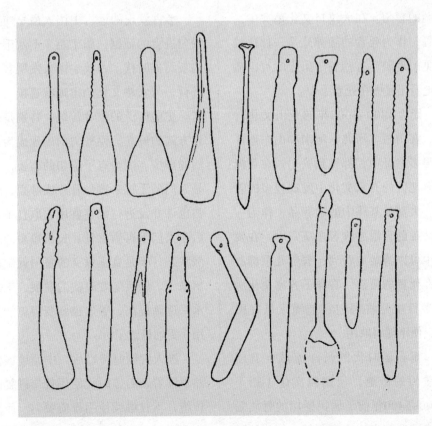

史前时代的餐勺

在黄河流域发掘的新石器时代遗址一般都有餐勺出土，其中以磁山文化所见年代最早（距今7000年以前），磁山文化的餐勺大体都属长条形。关中地区的仰韶文化（距今7000~5000年）一些遗址中也有骨质餐勺发现，西安半坡遗址出土的大量骨器中包括餐勺27件，它们多用骨片磨成。这些餐勺也是长条形，有的尾端有穿孔。黄河下游地区大汶口文化（距今6300~4400年）居民普遍采用骨质餐勺进食，另外还见到一些用蚌片磨制的餐勺。在大汶口文化墓葬中，将餐勺作为死者的随葬品是一种比较常见的现象，有些餐勺出土时可以清楚地看出是握在死者手中。

距今4800~4000年的龙山文化时代，在山西、河北、河南和山东地区的很多遗址中，都见到餐勺。在黄河上游地区的齐家文化中发现较多的餐勺，大都是墓葬中的随葬品，作为一种必备的日用品放置在墓穴中。在发掘中可以清楚地看到，餐勺几乎都放置在死者的腰部，看样子齐家文化居民平日里是将餐勺穿上绳索悬在腰际，便于随时取用。

新石器时代的长江流域也有使用餐勺的传统。河姆渡文化（距今7000~5400年前）居民使用的骨质餐勺表面磨制光洁，柄部都有穿孔。几件带柄的餐勺，柄部刻有精美的花纹，其中一件刻的是双鸟纹，被研究者们看作是一件非常珍贵的艺术品。河姆渡还出土了一件非常标准的勺形骨质餐勺，是中国新石器时代最古老的一件勺形餐勺。同时还发现了2件鸟首形的象牙餐勺，勺头扁平，柄部雕刻成鸟首状，这是非常难得的中国史前餐勺珍品。在安徽含山凌家滩遗址，还发现了一柄用于随葬的玉勺，不仅琢磨精致，造型甚至非常接近现代样式了。

考古发现的远古中国人最早使用餐勺进食的证据，属于距今七八千年的新石器时代。古代中国人发明餐勺进食，与农耕文化的出现有直接的关联。史前广泛的粒食传统，特别是粥食方式的确立，使餐勺的出现成为必然的事情。因为有了迫切的需要，于是人们随手拣来兽骨骨片或蚌壳，起初也许并没进行修整就用它取食了。后来人们不再满意骨片长长短短的自然状态，于是真正意义的餐勺就制作出来了。以后随着时代的发展，工艺水平逐渐提高，餐勺也就变得更加实用、更加精致了。

进入青铜时代以后，中原地区仍然承续着新石器时代使用餐勺进餐的传统，不仅继续使用骨质餐勺，而且出现了铜质餐勺。自冶铜技术出现以

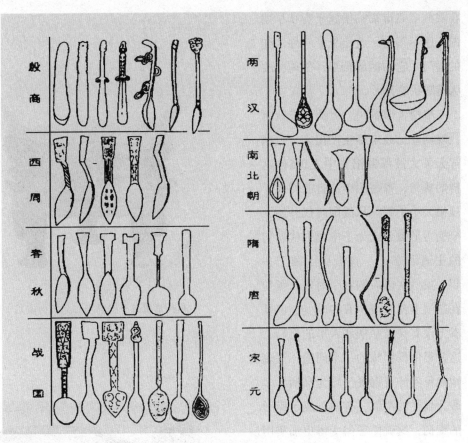

文明时代的餐勺

后，作为进餐用的餐勺也开始用铜打造。中原在青铜时代骨质餐勺仍然是一种受到普遍重视的进食器具，在河南安阳殷墟发掘的一些王室陵墓中，出土过不少精美的骨质餐勺，总数已达近千件。到了西周时期，骨质餐勺的使用已不如过去那样普遍了。

最先出现的铜质餐勺，形制多仿照长条形骨质餐勺。中原地区从西周时代开始流行使用一种青铜勺形餐勺。这种餐勺呈尖叶状，柄部扁平而且比较宽大。在陕西扶风一座窖藏中出土了2件勺形青铜餐勺，它们的年代在同类餐勺中是比较早的。这两件餐勺柄部有几何形纹饰，在勺体上还镌有所有者的名字，有铭文自名为"匕"。

战国时出现一种长柄舌形餐勺，

在陕西宝鸡市福临堡属于春秋早期的一座秦墓中，就出土了一件这样的餐勺，它的柄部较细，勺体已改为椭圆状的舌形。

窄柄舌形餐勺，大约在春秋时代晚期就已经定型生产出来，云南祥云县大波那铜棺墓中发现5件这样的餐勺，都是用铜片打制而成，规格大小不等。从战国时代开始，窄柄舌形餐勺成为了中国古代餐勺的主流形态，一直沿用了两千多年。虽然在以后的各个时代，餐勺在造型上或多或少有些改变，但基本上没有突破窄柄和舌形的格局，这是很值得回味的一个问题。许多地点见到的青铜餐勺均为窄柄，多数为扁平的窄柄，有的制成了棒形的细柄，这就使餐勺变得更加实用了。战国餐勺还采用了漆木工艺，出现了秀美的漆木餐勺。漆木餐勺同青铜餐勺一样，造型亦取窄柄舌形勺的样式，整体髹漆，通常还描绘有精美的几何纹饰。

大一统的秦汉时代，人们进餐时使用的餐勺，无论在器具的造型或制作材料的选择上都大体承续了战国时代的传统，考古发现较多的仍然是那种窄柄舌形餐勺。引人注意的是，出土的属于秦汉时代的漆木餐勺数量很多，尤其是在南方

春秋楚国王子午鼎与匕（河南淅川）

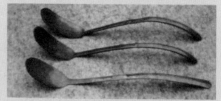

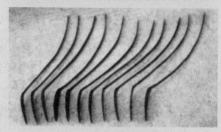

唐代的银匙

地区，可以想见当时贵族们的餐桌上漆木餐勺颇受欢迎。在湖北云梦县发掘的秦汉时代的墓葬中，就出土了不少漆木餐勺。这些餐勺都是圆棒形细柄，通体髹红漆，用黑漆绘有纹饰，柄部绘环带纹，勺面绘行云流水纹饰。

汉代也使用青铜餐勺，东汉时代又出现了银质餐勺。两晋时代的餐勺在考古中很少发现，具体形制还不是太清楚。到了南北朝时期，青铜餐勺的形制表现出一种复古倾向，这个时期的宽柄尖叶形餐勺形状与战国时代的同类餐勺十分相似，而与汉代的餐勺明显不同。

从隋代开始，细长柄的舌形餐勺又出现了。虽然同是长柄舌形勺，但与战国秦汉时代流行的那种相似的餐勺又多少有些不同。西安李静训墓就出土一件长柄银餐勺，勺体为舌形，器形比较大。唐代承续了隋代的传统，上层社会盛行使用白银打造的餐具，餐勺亦不例外。

在辽宋金元各代，除了大量制作铜质餐勺以外，也有不少白银打造的餐勺。在这一大段时期，餐勺的造型基本上承续了唐代细柄舌形餐勺的传统，区别仅在柄尾略为加宽而已。宋代出土的餐勺，属于北宋时代的较少，属于南宋时代的稍多。江苏溧阳

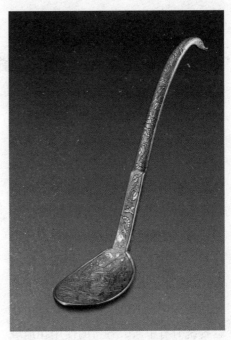

唐代錾纹银匙（陕西西安）

出土一枚北宋舌形紫铜餐勺，柄尾略宽。四川阆中县的一座南宋窖藏中，一次就出土铜餐勺111件。金代的餐勺也有零星出土，以黑龙江肇东县蛤蜊城遗址和辽宁辽阳北园的发现为例，形制与辽代的相去不远，辽阳北园的铜餐勺附加有雁尾饰，规格也比较大。辽宁沈阳也出土了几件金代的青铜餐勺，柄部扁平呈鱼尾形，勺面为花瓣形。元代的餐勺，也发现有一些银质的，所见餐勺一般都比较长大。元代铜餐勺在吉林发现较多，可分为尖叶勺、舌形勺和圆形勺3种类型，以尖叶形餐勺数量为多。

◎4000年的小巧模样：餐叉

当代中国的城市居民对于西餐已是非常熟悉，自然都知道享用西餐应当用刀叉上桌，而且还可能认为刀叉一定是西方人的发明，因此而对西方文明津津乐道。许多人当然不会知道，其实中国人在很早的时候就发明了餐叉，这个发明完成于史前时代。在历史时代，我们的先人仍然保留着使用餐叉进食的古老传统，只是由于这传统时有中断，餐叉的使用在地域上又不很普及，所以不为我们一般现代人所知晓。

考古学家在青海同德发掘了一处名为宗日的遗址，在年代可早到距今4000年前的新石器时代堆积中，意外发现了一枚骨质餐叉。这枚餐叉为双齿式，全长25.7厘米。新石器时代的餐叉在中国并不是第一次出土，此前在甘肃武威市皇娘娘台齐家文化遗址，也曾出土一枚扁平形骨质餐叉，

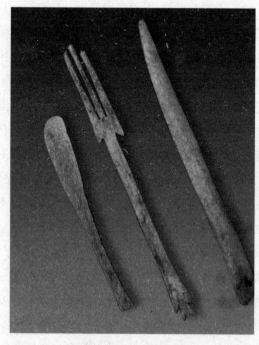

新石器时代的叉和勺

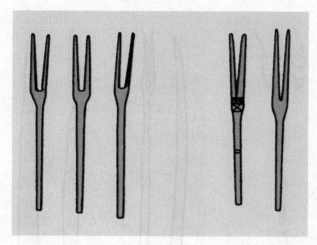

商周时期的餐叉

为三齿。这两枚餐叉都出土于西北地区，这倒是一个很有趣味的问题，应当说明那里可能是餐叉起源的一个很重要的地区。

餐叉在中国起源于新石器时代，它同餐勺一样，起初都是以兽骨为材料制作而成。到了青铜时代，使用餐叉的传统得到延续，考古发现的这个时期的餐叉也多由兽骨制成。如在河南郑州二里冈商代遗址就出土过一枚骨质餐叉，也是三齿，全长8.7厘米。这枚餐叉柄部扁平，和齿部之间没有明显的分界，制作稍显粗糙。

在夏商周三代，餐叉的使用情况不是很清楚，各地出土餐叉数量很少。到了战国时代，餐叉的使用在上流社会显然受到重视，考古发现了较多这个时代的餐叉。如河南洛阳中州路2717号墓，一次就出土了骨质餐叉51枚，都是双齿，圆形细柄，长度在12厘米上下，这些餐叉出土时包裹在织物中。在洛阳西工区也发现过1枚类似的骨质餐叉，制作更为精致，柄部饰有弦纹。山西侯马古城遗址也曾两次出土战国时代的骨质餐叉，也都是双齿，与洛阳所见相同，其中有一枚在柄部还有火印烫花图案。

战国时代以后，各地出土餐叉实物很少，汉晋时代以后只有零星发现。古代中国对餐叉的使用，好像没有形成经久不变的传统，虽然它在新石器时代就已经发明，但只是在商周至战国时代比较流行，在其他时代使用并不广泛。在古代，做进食具的餐

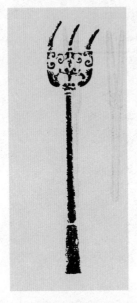
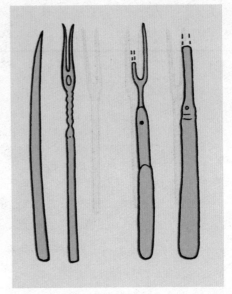

战国青铜大毕
（河南辉县）

元代餐叉和餐刀
（甘肃漳县和山东嘉祥）

叉并不是单独使用的，与它配套使用的除了餐刀，还有餐勺。例如郑州二里冈同餐叉一起出土的还有餐勺；侯马故城的餐叉也与餐勺共存。

餐叉的使用与肉食有不可分割的联系，它是以叉的力量获取食物的，与匕与箸都不相同。先秦时代将"肉食者"作为贵族阶层的代称，餐叉在那个时代可能是上层社会的专用品，不可能十分普及。下层社会的"藿食者"，因为食物中没有肉，所以用不着置备专门食肉的餐叉。

过去对古代餐叉的名称不清楚，文献中不易查寻到相关记述。我们注意到，"三礼"中记有一种叫作"毕"的礼器，是用于叉取祭肉的，略大于餐叉。考古也发现过一些青铜制作的毕，长可及30厘米，应当就是文献记述的礼器毕。与毕形状相同，用途也相同的餐叉，在先秦时代名称可能一样，也叫作毕。餐叉在汉代以后的古称，是否仍叫作毕，我们现在还无法知道。古人以为毕是因形如叉的毕星而得名，实际上也可能是毕星因作进食具的毕而命名，因为不少星宿都是借常用物的形状命名的。

在古代中国人的餐饮生活中，餐叉在相当的时空范围内有过中断，以

至于很多人不知道我们的先人曾经制作和使用过餐叉。随着西餐的渐入，与西餐一同到来的餐叉与餐勺也充分让人们认识到，它们是享用西餐必备的进食具。事实上，西人用餐叉的历史并不久远，在三个世纪以前，相当多的人还在直接用手指抓食，包括贵族统治者在内。有的研究者认为，西人广泛使用餐叉进食，是从公元10世纪的拜占庭帝国开始的，也有人说是始于16世纪，最多也不过1000年的历史。中国人用餐叉的历史已经追溯到了5000年以前，不过我们没有将餐叉作为首选的进食器具，它实际上是基本被淘汰出了餐桌，这显然是我们有更适用的筷子的缘故。现代中国在引进西餐的同时，我们也引进了餐叉，叉子优越与否，是极好比较的。我以为我们之所以在享用西餐时还在那里不得已举着叉子，完全是因了尊重西人进食方式的缘故，不然，相信许多食客都会以筷子取而代之。

我们还发现在现代社会中出现了"中餐西吃"的现象，有人架起刀叉吃中餐，这可以看作是一种新的文化现象。类似的这种文化融会在我们的邻邦早已经出现，并且成为了一种趋势。

◎桌面上的分工协作：筷子与勺子各司其职

现在正式的宴会上，餐桌上一般都要摆上两样进食用具：筷子和勺子，它们各有各的功用。古代中国人在进食时，餐勺与筷子通常也是配合使用的，两者一般也会同时出现在餐案上。依三礼的记述，周代时的礼食既用匕，同时也用箸，匕箸的分工相当明确，两者不能混用。箸是专用于取食羹中菜的，正如《礼记·曲礼》上所说，箸是用于夹取菜食的，不能用它去夹取别的食物，还特别强调食米饭米粥时不能用箸，一定得用匕。

到了汉代，餐勺和箸也是同时使用的，人们将勺与箸作为随葬品一起埋入墓中。《三国志》记曹操与刘备煮酒论英雄，曹操说了一句"当今天下英雄，只有我和你刘备两人而已"，吓得刘备手中拿着的勺和箸都掉在了地上。从这个故事里，我们找到了汉代末年匕箸同用的一个生动例证。汉代以后，比较正式的筵宴，都要同时使用勺和箸作为进食具，如唐人所撰《云仙杂记》述前朝故事说："向范待客，有漆花盘、科斗箸、鱼

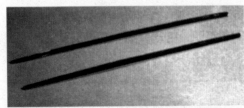

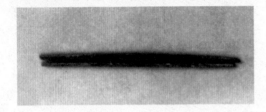

春秋战国时期的铜箸

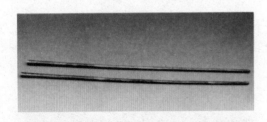

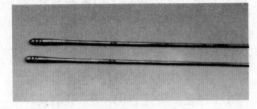

唐代的银箸

尾匙。"赏赐与贡献，匕箸也是不能分离的物件，如《宋书·沈庆之传》记载说"太子妃上世祖金镂匕箸及杵杓，上以赐庆之"，金镂匕箸一定是非常名贵的。就是平日的饮食，对具有一定身份的人而言，也要匕箸齐举，不敢马虎。

在唐宋时代，筵宴上仍然要备齐勺和箸，人们在进食时对两者的使用范围区分得依然非常清楚。在甘肃敦煌473窟唐代《宴饮图》壁画中，绘有男女9人围坐在一张长桌前准备进食，每人面前都摆放着勺和箸，摆放位置相当整齐，可见勺与箸是宴饮时不可或缺的两种进食具。我们还读到唐人薛令之所作的《自悼诗》，诗中有"饭涩勺难绾，羹稀箸易宽"的句子，将以箸食饭、以勺食羹菜的分工说得明明白白。我们还在明代人田汝成的《西湖游览志余》一书中，得知宋高宗赵构每到进膳时，都要额外多预备一副勺箸，用箸取肴馔，用勺取饭食，避免将食物弄脏了，因为多余的膳品还要赏赐给宫人食用。高宗皇帝是否有这样的德行我们不必细论，不过这里将勺箸在古代的分工又一次说得非常明白，这应当是可信的。

到了现代社会，正规的中餐宴会在餐桌上也要同时摆放勺与筷子，食客每人一套。这显然是古代传统的延

敦煌壁画《宴饮图》

敦煌壁画《宴饮图》（局部），每人面前
都有箸和匙。

续，值得注意的是这传统有了一些明显的改变，勺与筷子各自承担的职掌发生了变化。勺已不像古代那样专用于食饭，而主要用于享用羹汤；筷子也不再是夹取羹中菜的专用工具，它几乎可以用于取食餐桌上的所有肴馔，而且它也用于食饭，与吃饭不得用筷子的古训背道而驰了。虽然如此，餐勺与筷子两种进食具之间的那种密切的联系，古今都是存在的。

贰

食大如天

食有多重，食大如天，"民以食为天"。

辅佐齐桓公九合诸侯而首开春秋时代大国争霸局面的管仲，在公元前7世纪就曾说过："王者以民为天，民以食为天，能知天之天者，斯可矣。"民以食为天，国以民为天，"天之天"，即是饮食，这句话里道出了饮食对民对国重要无比的道理。

◎进化：咀嚼长成的俊模样

人与动物的区别，看似明显，却又不容易表述清楚。动物中有等级高低的分别，生物学家将指头和趾端带扁甲、大指以及其余各指具有对掌功能、上下颌各有两对门齿的哺乳动物，称为灵长目动物，这便是最高等的哺乳动物。各类猿与猴都属灵长目动物，人类也列在其中。作为动物的人，虽然与猿猴同列在灵长目之内，但人与一般的灵长类动物又有着根本的不同。但这区别主要表现在哪里，人兽的分野究竟在哪里呢？

人与动物的区别，尤其是与类人猿的区别，不仅是在使用与制作工具之类技能上，更重要的应当还是心智上的。复杂的人既是自然界的一部分，又是社会的产物。美国哈佛大学的艾萨克曾发表过这样的论点：至少五项行为模式将人类和我们的猿类亲戚分开了，一是两足行走的方式；二是语言；三是在一个社会环境中有规律有条理地分享食物；四是住在家庭营地；五是猎取大动物。

这个说法特别强调了人的社会属性，强调了人的群体活动特性。对于早期人类这五项行为模式，至少有两足行走、分享食物和猎取大型动物这三项与获取食物的过程相关。两足行走是基础，这是个体行为，但也是融入社会的个体行为。这种行为方式的出现，是人类行为方式最本质的改变，许多学者都将它列为人类出现的重要前提，意义正在于此。人兽的分野在很大程度上是通过饮食活动显现出来的，如猎取大型动物、分享食物、居住在家庭营地，都是早期人类的生活规则。

其实几乎包括所有的动物，还有许多的植物，都有大小不同的类似获取食物的本领。人本来也是属于自然界中的这某一类的，但是人类不断发展着生产食物的技能，而不是像蜘蛛和蜜蜂那样重复祖祖辈辈那样的唯一技能，这也许是人之所以不断进步的一个重要因素。人由采集到狩猎、畜养、农耕，在不断更新食物生产方式的过程中不断进化。

对于这样一个人兽分野的重大命题，中国古代先哲早有类似的高论。如《列子·黄帝》有云："有七尺之骸、手足之异，戴发含齿，倚而食者，谓之人。"《礼记·礼运》则言："人者，天地之心也，五行之端也，食味、别声、被色而生者也。"手足功用不同，用两足行走，有语言能力，饮食讲究滋味，还采用与一般动物不同的饮食姿态，这就是人，这就是区别于动物的人。既说明了人兽的形体差异，也列举了行为方式的区别，应当算作是较为完备的解释了。人平日可以粗茶淡饭，却总要追求适口的滋味，五味咸酸苦辣甜，一味不可少。人有时可以狼吞虎咽，却总要聆听"席不正不坐，割不正不食"的教诲，食之有仪。而动物呢，还有我们的同宗猩猩们呢，它们就没法与人的吃法相提并论了。

然而，人是如何获得自己独特的体质形态的呢？在南非和东非发现的距今400万~100万年前的人类化石，已有了不下1000个个体的标本，它们为研究早期人类体质的形成特点提供

了可靠的资料。古人类学家的研究成果表明，人类独特的体质形态，主要表现在直立姿态的双脚直立行走而引起的一系列变化上。例如由爬行向直立姿态的转变，使人的骨盆旋转了90度，骨盆变得短而宽了，这就使人类的外部形态有了根本的改变。

旧石器时代的狩猎活动，对人类社会及人类自身的发展带来的影响是巨大的，狩猎行为的终极目标是开拓食物资源，但它起到的作用却比这要大得多。人类在追寻猎物的过程中，逐渐加深了对自然界的了解，他们要弄清各种动物生存与活动的规律，确定捕获的地点与时机。人们还要根据不同的狩猎对象，设计不同的捕获方法，对工具加以改进。在追捕猎物的过程中，人们知道自身的奔跑速度不如动物快，便急切寻求超越自身、超越动物速度的武器，石球、投枪、弓箭就是在这样的思考中发明的。在长途追猎中，猎手们要携带足够的水，于是发明了皮囊之类的容器。狩猎行为就是这样发展了人类的智力，使手与脑的配合越来越协调。肉食不仅促进了脑与手的进化，也促进了工具的进步。

狩猎改善了人类的大脑思维，同时还大大促进了人类体质方面的进化。有研究者认为，人类正是在追捕

蓝田人复原像

北京人复原像

山顶洞人复原像

猎物的过程中逐渐脱去了体毛，将自己的外表与动物明确区别开来。体毛阻碍了人类在剧烈活动中的散热要求，脱毛也就成为了人类追求美味肉食的结果。也有人认为，人类体毛是在熟食的作用下脱去的。熟食指的自然是肉食，从这个意义上说，人类进化的脱毛过程确与狩猎的发展有着非常紧密的联系。

获取肉食的生存活动，还要求有意义重大的社会结构和合作。有效的出猎，要有恰当的组织方式，有时甚至要在不同的组群之间产生协作关系，人类在共同的狩猎活动中发展了交往技能。

狩猎活动在人类进化过程中的作用十分重要。达尔文在《人类的由来》中曾明确提出了这样的观点：用人造武器狩猎是人类之所以真正成为人的因素之一。这个道理是再明白不过的了，饥饿的狩猎者行猎的结果，解决的不仅仅是饥饿问题，狩猎改变了人类自己。

人是有人样的，从表面形象看，人之为人，确实首先在用双足行走，但并不仅限于此。人的面容与猿区别也很大。人类的面部主要特征为短吻。直立人在牙齿上的变化很有特点，前部牙齿增大，后部牙齿减小，成为与南方古猿最显著的区别之一。研究者推测人类牙齿的这种变化可能与食性的改变有关，肉食取代了过去若干植物性食物，食物制备技术有了一定发展，使得咀嚼时后部牙齿用得较少，结果下颌骨及面部相关骨结构减小，人的吻部自然也就向后收缩了许多。收缩了外凸的吻，人类的面容便与猿类产生了明显的区别，获得了平正、和善、俊俏的脸庞。

咀嚼自然是一种饮食活动，直立人咀嚼方式

的改变，是食性改变的结果，也是食物原料改变的结果。换一句话说，是人类由采集者进步到狩猎者的结果，是扩大的肉食来源改变了人的容颜。到了晚期智人的时代，智人前部牙齿和面部减小，颅高增大，眉脊减弱，人种开始形成。人种是根据人类皮肤的颜色、头发的形状与颜色、眼鼻唇的形状进行区分的，一个人种是具有区别于其他人群的共同的遗传体质特征的人群。不同的人种属于同一物种，就是智人种。

◎ 鼎鼎大名：吃出来的政治观

文明诞生以后，一些常用的饮食器具被赋予了特别的意义，有的甚至成为权力和地位的象征，或者成为国家政权的标志。食来食去，那些原来的发明者怎么也不会想到，他们发明的物件还会派上这样大的用场。

例如鼎，它不过是一种三足器，三足顶着的一个盆，可以炊可以食，这样的陶器在史前时代用了几千年，是非常平常的饮食器具。可是到了文

大汶口文化的陶鼎

商代晚期的司母辛方鼎

明时代早期，一般的平民已经无权用鼎，陶鼎也不行，用鼎成了贵族阶层的特权，他们以地位高低决定用鼎数目的多少。再进一步，更有了意想不到的观念变化，鼎变得不再是一类简单的食器了。

青铜时代的鼎（又称作彝器，即所谓"常宝之器"）已是青铜铸就的重器，最高级别的贵族——王，要用九鼎祭祀、迎客、宴享和随葬，所以"九鼎"就成了国家政权的象征。"问鼎"、"定鼎"这样的词成了最

高军事、政治行动的代名词。原先仅仅作为烹饪食物之用的鼎，从商代开始在贵族礼乐制度下成为第一等重要的礼器。鼎不再是一种单纯的炊器和食器，它成了贵族们的专用品，被赋予了神圣的色彩，演化为统治权力的象征。

天子用九鼎为制，据说起于夏代。夏代用九州贡金铸成九鼎，可能象征天下九州，即指禹平洪水后分天下而定的冀、兖、青、徐、扬、荆、豫、梁、雍九州。传说禹铸九鼎，

《左传》宣公三年说："昔夏之方有德也，远方图物，贡金九牧，铸鼎象物，百物而为之备，使民知神、奸……桀有昏德，鼎迁于商……商纣暴虐，鼎迁于周……成王定鼎于郏鄏。"《史记·正义》说："禹贡金九牧，铸鼎于荆山下，各象九州之物，故言九鼎。"又《焦氏易林》说："禹作神鼎……禹分九州，收天下美铜铸为九鼎，以象九州。"禹铸九鼎，虽然还只是个传说，不过九鼎之象，在后来的考古发现中倒是经过多次验证。尽管大禹之鼎至今还没有重光问世，但从《左传》所言"桀有昏德，鼎迁于殷"和"商纣暴虐，鼎迁于周"可见，三代的更替是以夺到九鼎作为象征。

更有可能的是，发端于史前人饮食生活的鼎，文明时代初期虽依然作为饮食器使用，不过贵族们已经从中抽象出一种至尊的概念，这概念深刻影响着商周时代的饮食生活和政治秩序。商周时期对以鼎为核心的礼器及其制度的逐渐规范，使它上升为国家、王权的象征。这样一来，为历来追逐王权者所倚重的九鼎，就成为了标榜其正统地位的标志。

西周时的贵族墓葬中，一般都随葬有食器鼎和簋，鼎多为奇数，而簋则是偶数，鬲则随而增减。在考古发掘中，常常发现用成组的鼎随葬，这些鼎的形状、纹饰以至铭文都基本相同，有时仅有大小的不同，容量依次递减。这就是"列鼎而食"的列鼎。

列鼎数目的多少，是周代贵族等级的象征。用鼎有着一套严格的制

西周晚期的圆鼎

春秋晚期镶嵌龙纹的鼎

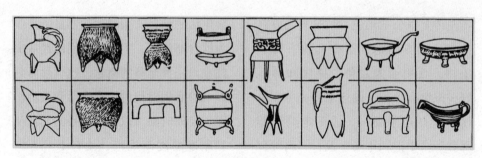

古代的三足器

度，据《仪礼》和《礼记》的记载，大致可分别为一鼎、三鼎、五鼎、七鼎、九鼎五等。

一鼎：盛豚，即小猪，规定士一级使用。士居卿大夫之下，属贵族阶层最下一等。

三鼎：或盛豚、鱼、腊，或盛豕、鱼、腊，有时又盛羊、豕、鱼，称为"少牢"，为士一级在特定场合下所使用。

五鼎：盛羊、豕、鱼、腊、肤，也称为"少牢"，一般为下大夫所用，有时上大夫和士也能使用。周代王室及诸侯国官吏爵位大致分卿、大夫二等，其中卿又分上中下三级，大夫亦是。

七鼎：盛牛、羊、豕、鱼、腊、肠胃、肤，称为"大牢"，为卿大夫所用。所谓大牢，主要指包括牛，再加上羊和豕，而少牢主要指羊和豕。

九鼎：盛牛、羊、豕、鱼、腊、肠胃、肤、鲜鱼、鲜腊，亦称为大牢。《周礼·宰夫》说："王日一举，鼎十有二。"注家以为十二鼎实为九鼎，其余为三个陪鼎。九鼎为天子所用，东周时国君宴卿大夫，有时也例外用九鼎。

簋盛饭食，用簋的多少，一般与列鼎相配合，如五鼎配四簋，七鼎配六簋，九鼎配八簋。九鼎八簋，即为天子之食，算是最高的规格。

这种饮食上的等级制度，被原封不动地移植在埋葬制度中。考古发现过属国君的九鼎墓，也有不少其他等级的七鼎、五鼎、三鼎和一鼎墓，没有鼎的小墓一般都见到陶鬲，这是平民通常所用的炊食器。能随葬五鼎以上的死者，不仅有数重棺椁，还有车马殉人，各方面都显示出等级的高贵，他们属高级贵族。

到了后来，春秋五霸之一的楚庄王，听从申无畏等大臣的规劝，不再沉湎酒乐，奋发起来，"一鸣惊人"，与晋国在中原争霸。他陈兵东

046

味无味
餐桌上的历史风景

周王朝边境，炫耀武力，颇有取周而代之的意思，于是向周王室的大臣问九鼎的"大小轻重"。后世将"问鼎"比喻为图谋王位，正缘于此。传说到战国晚期的周赧王十九年，秦取了周的九鼎，其中有一鼎意外落入泗水中，余八鼎入秦。值得回味的是，这九鼎尽管如此神圣，到了战国时竟下落不明，成了一桩历史公案。在汉代画像石上，还见到刻画着泗水捞鼎的场景，可见那会儿对九鼎还记忆犹新。

鼎在秦汉时代还在继续影响着人们的精神生活，"鼎食"仍被作为高贵地位的同义词，一些士人仍将追求鼎食作为人生的终极目标。汉武帝时，主父偃从小就抱定"丈夫生不五鼎食，死则五鼎烹"的信条，勤奋求学，武帝恨相见太晚，竟在一年之中连升他四级，如其所愿。

◎酒气：汉代画像中的醺蒸样

酒是在历史中酿成的美妙滋味，醇香，浓郁，绵远。各个时代都有许多生动的酒事，它们有时构成了历史的重要篇章，在这样的篇章中总是散发着美酒的滋味。美酒流过历史，美酒也创造历史，历史也许可以看作是酿造美酒的大窖池。汉代人称他们享用的酒为"天之美禄"，说酒是上苍的恩赐。我们现在就由汉画来粗略一观，看看汉代人在酒香里留下了一些什么样的故事。

酒的酿造方法古今有些不同，所得的酒在品质上也有明显区别。西汉时的酒，酒精含量较低，成酒不易久存，容易酸败。因为酒中水分较高，酒味并不浓烈，所以能饮多至石余而不醉。到东汉之时，酿成了度数稍高的醇酒，人们的海量渐有下降。西汉时一斛米出酒三斛余，而东汉是一斛米出一斛酒，酒质有很大提高。这时还可能掌握了蒸馏技术，酿出了浓度高的酒。

考古发掘到的中山王刘胜夫妇墓，墓室中摆有30多口高达70厘米的大陶酒缸，缸外用红色书有"黍上尊酒十五石"、"甘醪十五石"、"黍酒十一石"、"稻酒十一石"等，估计当时这些大缸总共盛酒达5000多公斤，这还不包括其他铜壶内的酒。《史记·五宗世家》说刘胜"为人乐酒好肉"，应当是实事求是的评价。河北望都东汉墓绘有壁画《羊酒

汉画《酿酒图》

图》，将羊与酒壶绘在一起，有肉有酒，是美好生活的写照。

山东诸城前凉台村就发现有这样一方画像石，石工以阴线刻的手法，集酿造、庖宰、烹饪活动于一石，描绘了一个庞大而忙碌的庖厨场面。这是一幅精彩的汉代庖厨鸟瞰图，表现了43位厨人的劳作，包括汲水、蒸煮、过滤、酿造、杀牲、切肉、斫鱼、制脯、备宴等内容。画面下方是酿酒活动，有一人跪着似在捣曲块，一人正加柴烧饭，一人正在劈柴，一人在甑旁拌饭，又有两人在滤酒，一人用勺盛酒。下面有发酵用的大酒缸，都安放在酒垆之中，似乎散发着浓浓的酒香。

河南密县打虎亭汉墓中出土一批画像石，其中就有酿酒场景画面。在一石的上方刻画着一张大条案，案上置七个大酒瓮，案下有许多酒樽酒壶，看样子产酒量还不少。

上述汉画表现的可能都是家酿场景，家酿在古代是一种传统。汉代人普遍嗜酒，所以酒的需求量很大，无论皇室、显贵、富商，都有自设的作坊制曲酿酒，另外也有不少自酿自卖的小手工业作坊。一些作坊的规模发展很快，不少作坊主因此而成巨富，有的甚至"富比千乘之家"，这是司马迁在《史记》中记载的事实。在有的汉画上，我们还看到市肆酿酒场景。如四川成都出土的一方画像砖上，就表现了市面上的酒肆，画面上有当垆酿酒者，还有挑担沽酒者。

从汉画上看，当时的酿酒是以陶瓮做酿具，发酵后用压榨方法取酒。当然，汉代酿酒工艺的一些具体细节，在汉画上也不可能描绘得非常全面细致，至少我们还没有见到窖池的画面。从后来的《齐民要术》所载酿酒法看，即使南北朝时也还没有采用窖池方法发酵，依然用的是汉代的瓮酿之法。

汉代酒的命名，已经有了一些固定的法则。一般酒多以原料命名，如稻酒、黍酒、秫酒、米酒、葡萄酒、甘蔗酒等。另外还有一些添加配料的酒，如椒酒、柏酒、桂酒、兰英酒、菊酒等。质量上乘的酒，往往要以酿造季节和酒的色味命名，如春醴、春酒、冬酿、秋酿、黄酒、白酒、金浆醪、甘酒、香酒等。汉时的名酒也有以产地命名的，如宜城醪、苍梧清、中山冬酿、酃绿、酂白、白薄等。这

汉画《酿造图》

些酒名不仅见于古籍的记述，而且见于出土的竹简和酒器。这样的一些酒名命名规范，一直沿用到当今。我们现在的五粮春和剑南春等，命名习惯应当与古老的传统有些联系。

从《汉书·食货志》读到，汉代用酒量很大，其中有一句说是"有礼之会，无酒不行"，没有酒就无法待客，不能办筵席。有了许多的美酒，又有了许多的饮酒机会，许多的人也就加入到酒人的行列，成为酒徒与醉鬼。有意思的是，汉代人并不以"酒徒"一名为耻，自称酒徒者不乏其人。如有以"酒狂"自诩的司隶校尉盖宽饶（《汉书·盖宽饶传》），还有自称"高阳酒徒"的郦食其（《汉书·郦食其传》）。开国皇帝刘邦也曾是个酒色之徒，常常醉卧酒店中（《史记·高祖本纪》）。东汉著名文学家蔡邕，曾因醉卧途中，被人称为"醉龙"（《龙城录》）。还有被曹操杀害的孔子二十世孙孔融，也是十分爱酒，常叹"坐上客常满，樽中酒不空，吾无忧矣！"（《英雄记钞》）酒杯不空，在那时似乎是人生的一个大理想。

汉代人饮食侈靡，民间动不动就大摆酒筵，"殽旅重叠，燔炙满案"。虽并无什么庆典，往往也大量杀牲，或聚食高堂，或游食野外。街上满是肉铺饭馆，到处都有酒肆，豪富们"列金罍，班玉觞，嘉珍御，太牢飨"（左思《蜀都赋》），"穷海之错，极陆之毛"（张协《七

汉画《宴饮图》

汉画《宴乐博戏图》

命》），过着天堂般的生活。

宴飨在汉代成为一种风气，从上至下，莫不如是。帝王公侯祭祀、庆功、巡视、待宾、礼臣，都是聚宴的机会。各地的大小官吏、世族豪强、富商大贾也常常大摆酒筵，迎来送往，媚上骄下，宴请宾客和宗亲子弟。正因为官越大，食越美，酒越醇，所以封侯与鼎食成为一些士人进取的目标。《后汉书·梁统传》就说："大丈夫居世，生当封侯，死当庙食。"在这些贵族们死后，他们的墓中绘着酒宴壁画，画面上有酒有食，象征着冥世的富贵。

山东嘉祥宋山的一方画像石，刻画的是一幅烹饪场景，在画面的右上方，还表现了一个小小的宴饮场景。见两个人衣冠楚楚，面对面跪立在食案前，他们挒着袖子，舞着小刀，正待切鱼。要吃上鱼，还要动刀子，一定是吃的生鱼。旁边还有酒樽、酒勺和酒杯，二人是在边饮边吃，而且双手不断比画着，似乎还在高谈阔论着什么。食案，鱼，刀，酒樽，酒勺和酒杯，这是一幅难得的饮酒食鱼图。

汉代的诗赋对于当时的宴饮场面也有生动描写，如左思的《蜀都赋》，描述成都豪富们的生活时这样写道："终冬始春，吉日良辰。置酒高堂，以御嘉宾。金罍中坐，肴烟四陈。觞以清醥，鲜以紫鳞。羽爵执竟，丝竹乃发；巴姬弹弦，汉女击节。起西音于促柱，歌江上之飂厉；纤长袖而屡舞，翩跹跹以裔裔。"这是说的成都，成都人的酒食传统，一定是那时就开始形成了。其他如汉时所传《古歌》说："上金殿，著玉樽。延贵客，入金门。入金门，上金堂。东厨具肴膳，樵中烹猪羊。主人前进酒，弹瑟为清商。投壶对弹棋，博弈并复行。朱火飏烟雾，博山吐微香。清樽发朱颜，四座乐且康。今日乐相乐，延年寿千霜。"这些诗赋都是画像石最好的注解。

王侯们宴饮，自然不像平常人吃完喝完了事，照例还需乐舞助兴，体现出一种贵族风度。在出土的汉代许多画像砖和画像石以及墓室壁画上，都描绘着一些规模很大的宴饮场景，其中乐舞百戏都是不可缺少的内容。山东沂水出土的一方画像石，中部刻绘着对饮的主宾，他们高举着酒杯，互相祝酒。面前摆着圆形食案，案中有杯盘和筷子。主人身后还立着掌扇的仆人，在一旁小心侍候。画像石两侧刻绘的便是乐舞百戏场景，使宴会显得隆重而热烈。

在四川成都市郊出土的宴饮观舞画像砖，模印人物虽不多，内容却很丰富。画面中心是樽、盂、杯、勺等饮食用具，主人坐于铺地席上，欣赏着丰富多彩的乐舞百戏。画面中的百戏男子都是赤膊上场，与山东所见大异其趣。当然也有一些画像砖石上的宴饮场面没有观舞赏乐的画面，也许是读书人一般的聚会，重在谈经研学，所以不必要安排那些俳优来干扰，只是酒不能少，他们的身旁都放有酒具。

最盛大的宴饮场面，是在河南密县打虎亭的一方画像石上见到的。筵宴有一些传统礼仪，其中备宴就有许多讲究，画像石对备宴的过程也多有描绘。打虎亭一号墓东耳室北壁和西壁的画像石中都见有备宴图，北壁的一幅场面很大，画面上方是一大型长案，案上摆满了杯盘碗盏，四位厨娘在案旁劳作，分别用筷子和勺子往杯盘里分装馔品。地上有放满餐具的大盆，还有八个叠放在一起的三足食案。画面下方是一铺地长席，席上也摆满了成排的杯盘碗盏，也有几位厨人在一旁整理肴馔。西壁的一幅场面较小，画面上有案有席，案上席上和地上放满了各种餐具和酒具，有一人在那里指手画脚，应是一个安排筵宴的总管。指挥备宴铺设的人在汉代称为"尚席"，后来宫廷中的"掌食"官和"掌筵"官，即是属于这一类。画面有上下两列与宴者，都是席地而坐，一面饮酒，一面欣赏着乐舞。

如何饮酒，汉代时也有一些特别的章程。如荆州刺史刘表，为了充分享受杯中趣，特制三爵，大爵名"伯雅"，次曰"仲雅"，小爵称"季雅"，分别容酒七升、六升、五升。

设宴时，所有宾客都要以饮醉为度。筵席上还准备了大铁针，如发现有人醉倒，就用这铁针扎他，检验到底是真醉还是佯醉（《史典论》）。

这是劝酒一法，其实汉代酒宴上还专设有酒吏，职权是监督客人饮酒。据《汉书·高五王传》说，齐悼惠王次子刘章，是个刚烈汉子，办事认真果敢。有一次他侍筵宫中，吕后令他为酒吏，他对吕后说："臣为将门之后，请允许以军法行酒。"吕后不假思索便同意了。所谓以军法行酒，也就是要说一不二。酒酣之时，吕后宗族有一人因醉逃酒，悄悄熘出宴会大殿。刘章赶紧追出，拔出长剑斩杀了那人。他回来向吕后报告，说有人逃酒，我按军法行事，割下了他的头。吕后和左右听了，大惊失色，

但因已许刘章按军法行酒，一时也无法怪罪于他，一次隆重的筵宴就这样不欢而散。刘章此举，固然有宫廷内争的背景，但酒筵上酒吏职掌之重，确实也能看出些名目来。

刘章这种对醉人也不轻饶的酒吏，历史上并不止一个。《三国志·吴书·孙皓传》说：孙皓每与群臣宴会，"无不咸令沈醉"，每个人都要饮醉，这倒是不多见的事。为此酒筵上还特别指派了负责督察的黄门郎十人，名之曰"司过之吏"，也就是酒吏。这十人不能喝酒，终日侍立，仔细观察赴宴群臣的言行。散筵之后，十人都向孙皓报告他们看到的情形，"各奏其阙失，迕视之咎，谬言之愆，罔有不举。大者即加威刑，小者辄以为罪"。又要让你酩酊大醉，醉

汉画《宴饮图》

后又不许胡语失态,这也太荒唐了。早年孙权也有过类似荒唐的举动,《三国志·吴书·张昭传》说,孙权在武昌临钓台饮酒大醉,命宫人以湖水洒群臣,命群臣酣饮至醉,而且要醉倒水中才能放下杯子。玩这样的花样,恐怕得多设几个监酒者才行。

酒的作用,在汉时也有极夸张的说法。汉武帝学秦始皇蓬莱求仙,曾有饮露餐玉之举,也同样受尽方士的欺骗。花费的钱财十倍于秦始皇,依然是仙人未见,仙药未得。神仙家们又抬出一个西王母,说西方昆仑山居住的她也拥有不死之药,这药是昆仑山上的不死之树捣炼而成,可惜的是昆仑不死药也得不到。神仙家们又说南方有美酒,饮之也可不死,也可成仙。汉武帝遣人带领童男童女数十人去寻找,果然弄到一些酒回到长安。仙酒摆到大殿上,被站在一旁的东方朔抢先喝了个精光。武帝大怒,要杀了东方朔,诙谐滑稽的他却不慌不忙地说:"如果这果真是仙酒,杀为臣也不会死,我已是仙人了。如果并不灵验,一下就把我杀死了,要这样的酒又有什么用呢?"武帝听了,一笑了之(《博物志》)。后世有人说东方朔饮的当是龟蛇酒,天酿而成,当是一种附会。

不过因为种种原因,朝廷和地方政府常有禁酒的命令,有时闹得婚姻喜庆也不许饮酒,如《汉书·宣帝本纪》所记:"五凤二年秋八月诏曰:'夫婚姻之礼,人伦之大者也。酒食之会,所以行礼乐也。今郡国二千石或擅为苛禁,禁民嫁娶不得具酒食相贺召,由是废乡党之礼,令民亡所乐,非所以导民也。'"婚嫁也不让饮酒,够苛刻的。汉代律法曾规定"三人以上无故群饮酒,罚金四两",不许聚众饮酒。

"群饮酒"的机会有时得靠高高在上的皇帝赐给,这在古代叫作"天下大酺"。大酺为天下臣民共饮喜庆之酒,那当然是皇帝自己遇到了高兴的事,要臣民与他同乐。大酺始于战国,汉以后屡屡有之。天下大酺少者一日,多则可到七日,天天饮酒作乐而不算犯禁。凡皇上立皇后、太子,乃至皇子满月,太子纳妃,或遇祥瑞等等,都有令天下大酺的可能,这就要看皇帝是不是真的乐不可支,否则也不一定颁下大酺令。

汉代的酒器多为漆器,高雅而尊贵。战国至两汉之际流行使用漆器。制漆原料为生漆,是从漆树割取的天然液汁,主要由漆酚、漆酶、树胶质及水分构成。生漆涂料有耐潮、耐高温、耐腐蚀功能。漆器多以木为胎,也有麻布做的夹纻胎,精致轻巧。漆器有铜器所没有的绚丽色彩，铜器能做的器形，漆器也都能做出。长沙马王堆三座汉墓出土漆器有700余件之多，既有小巧的漆匕，也有直径53厘米的大盘和高58厘米的大壶。漆器工艺并不比铜器工艺轻简，据《盐铁论·散不足篇》记载，一只漆杯要用百个工日，一具屏风则需万人之功，说的就是漆工艺之难，所以一只漆杯的价值超过铜杯的十倍有余。漆器上既有行云流水式的精美彩绘，也有隐隐约约的针刺锥画，更珍贵的则有金玉嵌饰，装饰华丽，造型优雅。

漆器虽不如铜器那样经久耐用，但其华美轻巧中却透射出一种高雅的秀逸之气，摆脱了铜器所造成的庄重威严的环境气氛。因此，一些铜器工匠们甚至乐意模仿漆器工艺，造出许多仿漆器的铜质器具。汉代酒器中最常用的是樽、卮、杓、耳杯，多为漆器。樽和卮为盛酒器，杓为挹酒器，耳杯为饮酒器。在许多汉画宴饮图中，对樽、杓和耳杯的样式与用法都有表现。

汉画将汉代许多真实的生活场景记录下来，从一幅幅酒事图上，我们了解到当时酿酒与饮酒活动的一些细节，也似乎闻到了两千年前美酒的阵阵醇香。

◎ 鱼影：汉代画像中的跳跃精灵

对古代饮食生活的内容要进行比较直观的了解，当然只有考古这一个途径最为重要，也最为直接。这样的途径不仅可以了解得非常直观，而且还可以了解得非常细致。尤其对于汉代人的饮食生活，我们通过考古资料有很多真切的了解，最具体的景象都呈现在历史留存下来的画像石和画像砖上。许多的汉画表现了当时的饮食烹饪场景，形象生动的画面刻画入微，弥补了文献记载的不足，这是非常重要的研究资料。

汉画有许多场面是表现饮食活动的，其中最引人注意的是庖厨图，大量的厨事场景细致地刻画了各类烹饪活动，也刻画了当时饮食生活的一些细节。我们在汉画中发现了其中一些细节，这是被我称之为"鱼文"的图画，这些细节多与食鱼有关。也许就整个汉画艺术而言，这些鱼文的细节似乎并不是那么重要，不过由相关画面出现频率之高来看，这些细节应当并不是可有可无的，是值得我们进行一番研究的。历史有主干，也有许多的细节，那些再现的历史细节会使得历史鲜活生动，变得更加真实可信。

汉画所表现的鱼文，侧重在饮食生活方面，比较注意再现食鱼的内容。这些内容主要包括鱼的捕捞，鱼的烹饪，还有食鱼的方式等，从中可一窥汉代人的食鱼与崇鱼之风。不仅如此，我们也能看到现代食鱼与好鱼的传统，与大约两千年前的汉代人多多少少存在着一些联系。传统还会延续，也会有些改变，回味一遍这传统延续的脉络，也是一件很有趣的事情。

捕　鱼

在人类历史上，将鱼类作为食物来源之一，出现的时代很早，可以上溯到新石器乃至旧石器时代。在一些史前遗址上，常常可以发现鱼骨，那是一种庖厨垃圾，这表明渔捞是当时重要的谋生方式之一。

在众多食物中，鱼是一种美味，尤其是熟食方法出现后，鱼味的鲜美更是诱人。鱼在水中，要想食鱼，先要捕鱼。人类捕鱼有各种方法，在史前时代就发明了叉、钓、网之法，考古遗址里出土过许多的骨质鱼镖、鱼钩和陶石网坠等，表明在那样遥远的

时代，捕鱼的方法已经是多种多样了。水中捕鱼和陆上狩猎一样，都需要技巧，捕鱼也许需要更高的技巧，鱼钩和渔网都是很重要的发明，而且是一直沿用至今的发明。

在古代文献中，捕鱼之法的描述最早见于《诗经》，记有网罟、笱、罾、罩、潜、汕与钩钓之法等。可知周代时捕鱼的工具，主要是麻织的网和竹编的笼之类，这应当与史前的情形没有明显区别。《诗经》中提及的"汕"，今人已经很难知晓它的意义，古代是指用鱼笼捕鱼，正所谓"南有嘉鱼，烝然罩罩"，"南有嘉鱼，烝然汕汕"（《小雅·南有嘉鱼》）。"罩罩"与"汕汕"，都是鱼笼，可能形状会有不同。又见《尔雅·释器》说"罭谓之汕"，指的是绳网之类，汉代可能又有了些变化。到了汉代，捕鱼的方法又丰富了一些，这在画像砖和画像石上可以了解得非常清楚。

汉画上见到的捕鱼方法，有叉取，有网罟，也有钩钓、罩捉，还有手抓，更有用鸟兽帮忙的，这些方法分为徒手、用器和用动物三类，以用器之法捕鱼为主。当然汉代也是继承了先秦时代的技术传统，捕鱼方法又有了一些发展。

说到钓鱼，应当是一个绝妙的发

明。钓鱼最早的发明者，一定是一个突发奇想的人，用一个弯钩加上钓饵，就能将水里的鱼儿钓上来，这是一个说小又大的发明。这个在史前时代就完成的发明，上万年的时光过去，至今仍是捕鱼的一个不错的方法。虽然当今的钓具与史前已不可同日而语，垂钓的目的也有了一些不同，但那技术原理却并无二致。在汉代用钩钓鱼自然也是一个常用的方法，汉画上也有较多的表现。山东肥城、邹县、滕州和微山及四川的一些地方，都见到了有垂钓画面的画像石。

在山东滕州出土的一方画像石上，刻画着四位并坐的钓者，他们用的是一种串钩在钓鱼，一竿钓绳上挂有三四个钓钩，垂钩入水，只见鱼儿争着咬钩。钓鱼是一种技术，钓具要合适，钓饵也要好，正如《文子》所云："鱼不可以无饵钓，兽不可以空器召。"《吕氏春秋·功名》也说："善钓者，出鱼乎十仞之下，饵香也。"又见《离俗》说："若钓者，鱼有大小，饵有宜适。"

齐鲁之地，钓术却也考究，如《阙子》所说："鲁人有好钓，以桂为饵，黄金之钩，错以银碧，垂翡翠之纶。"这种垂钓者的派头，也许不是一般钓者所有的，属于贵族派头。鱼是冲着鱼饵才上钩的，所以鱼饵的制作，也是一门学问。在王充的《论衡》中，还记述过汉代人的一种诱钓之法，钓者刻木为鱼，漆作红色后放入水中，真鱼见了会游拢过来，这时再放下钓钩，会有"盈车"之获。以

汉画《叉鱼图》（山东莒县）

鱼钓鱼，也是一技，不知当代还有无效仿者。

用鱼镖或渔叉捕鱼，这方法应当起源也很早，它比起钩钓要来得更直接。实际上这是借用了陆上狩猎的方法，是更古老的猎人们的创造。汉画上对叉鱼也有表现，如山东微山一石，画面上有一赤身男子立在水榭的斗栱上，双手举起渔叉正刺向一条大鱼。在水面上还有一些捕鱼者，有的在徒手捉鱼，有的在用笼罩鱼。微山还见有另一方类似的画像石，站立在斗栱上的持叉者叉着一条大鱼，他面前的鱼很多也很大。山东莒县的一石上则刻画有乘船叉鱼者，所用的是一柄三齿叉。这样的渔叉，直到现代仍然还能见到。

罩法是用竹编的笼罩之类，一般做成口小底大的样子，将游鱼限制在一个脱逃不得的小范围内，然后用手活捉。在山东邹县、微山、苍山、临沂、沂南，都发现有用罩捉鱼的画像石，说明这种方法在汉代运用可能比较普遍。捉鱼的人有的赤身，有的卷着裤管，腰间还挂有鱼篓，他们有的在下罩，有的正在罩内抓鱼。

在浅水处可用罩法，也可用捞法。捞法也有特别的工具，一般是用一缚有长竿的箕，将不大的鱼虾捞起，操作时有一定的速度，因为鱼随时都可以从开口的箕中游走。山东苍山和沂南发现了刻画有箕捞的画像石，画面有些雷同，在浮船左右有用罩捉鱼者，也有架着长竿用箕捞鱼者。这个方法在明代人编写的《三才图会》中称为"打箄"，说是"箄其形似箕，水寒鱼多伏，用此以渔之"。

渔网出现很早，在许多新石器文化遗址都发现过陶石网坠，有些彩陶上也绘出过渔网，它们是渔网在史前广泛使用的证据。在《诗经》中提及的网有各种名称，如网、罟、罛、罭之类，既有捕小鱼的细眼网，也有捕大鱼的粗眼网，表明先秦时期网捕渔业所具备的水平已经很高。在汉画中也见到以网捕鱼的图像，山东微山有一石上刻画三人弄舟，一人划桨，一人在弯弓，一人在拉网。许慎《说文》所列汉代的渔网名称有十五种之多，其中有一种"罾"，见于《初学记》从《风俗通义》的引述，说"罾者，树四木而张网于水，车挽之上下"，说明汉时已有机械网捕技术，只是在汉画上没有见到。

更巧的捕鱼方法，是利用鸟兽。很早鱼鹰就被训练出来了，水獭也被训练出来了。鱼鹰就是鸬鹚，有时混称为鹭鸶，唐代人称之为"乌鬼"，它能潜入水里逮鱼。读到杜甫"家家

养乌鬼，顿顿食黄鱼"的诗句，有人认为唐代才开始养鸬鹚捕鱼，不过汉画中见到了不少鸬鹚捕鱼的画面，足见此事应当出现在汉代以前。江苏徐州出土的一方画像石上有鸬鹚立于渔船上的画面，山东微山则见到鱼鹰啄鱼的汉画。而在邹城的一方汉画上，又见到三只鸬鹚同争一鱼的图像，画面非常生动。在四川郫县和新都的画像砖上，也见到了鸬鹚站立船头和入水捉鱼的画面。

如果再往前追溯，山东济阳发现西周时代的一件鸟衔鱼形玉佩，可以断定那是鸬鹚取鱼的写照，鸬鹚的颈部还有弦刻，表现的一定是束颈的绳索，拴上了这颈箍，鸬鹚就不能将鱼吞进自己的肚里了。这玉佩说明鸬鹚在西周时代就已经被渔人驯化了。当然也有人依据有些新石器遗址出土过鸬鹚骨殖，将这样的驯化年代提得更早，但还不能看作是最终的结论。

更有趣的是利用水獭取鱼。水獭本来主要是以鱼类为食，善于在水中捕鱼。山东临沂的一方画像石上，绘有两兽两鱼相对的画面，有人认为表现的是水獭捕鱼，可能为实。水獭捕鱼，见于后来唐代《酉阳杂俎》的记述，说的是今湖北均县一带有人养獭

汉画《抬鱼图》（江苏睢宁）

汉画《观渔图》（山东微山）

捕鱼，獭养得像狗一样驯服。现在川鄂一带的水面上，偶尔也还能见到载着水獭的渔舟，可见这传统是延续下来了。还值得提到的是，四川彭县的一方画像砖上，有一只狗立在渔船上的画面，是否狗也可以入水捉鱼，那就不得而知了。

也许捕鱼最原始的方法是竭泽而渔，是直接用手去抓。用手抓鱼在汉画上也有表现，山东邹县出土一石，上绘有罩鱼者外，还有站立提鱼者，也有俯身抓鱼者，另有一位横身似潜水捉鳖者，画面也很生动。在山东微山、临沂、沂南、苍山和江苏徐州，也都发现过刻画着徒手捉鱼画面的汉画，捉鱼者有的跪在泥水中双手按住大鱼，有的则是用脚踩着一条大鱼，

画意精练自然。

捕到大鱼是一件很高兴的事。江苏睢宁的砖石上，刻画着二人抬一条大鱼的场景，似乎表现的是捕鱼归来的意境。

这样一些捕鱼的汉画，除了四川地区的以外，大都发现在北方尤其是山东地区，以常理论之，北方地区在捕鱼技巧方面并不会比鱼米之乡的南方会胜出一筹，只是因为南方没有用石块记录生活的做法，所以我们很难直接感受到那些生动的画面了。

我们知道，汉画上的这些捕鱼图，其实很多就是《观渔图》的一个部分。《观渔图》表现的是一个历史故事，这故事见于《左传》。《左传·隐公五年》说："五年春，公将

如棠观鱼者。"后人注说，观鱼者意思是观看捕鱼。《三国志·魏志·鲍勋传》也提到这个故事，说"昔鲁隐观渔于棠，《春秋》讥之"。

鲁隐观渔于棠故事的大意是这样的：五年春天，隐公将到一个叫棠的地方去观看捕鱼。臧僖伯劝谏说："凡是那些在祭祀和军事等国之大事上用不着的物品、那些与礼器和兵器无关的东西，君主都不会征用。作为君主，其职责是使老百姓生活有规范、贡奉合理。如果有违这个规范，贡奉不合理，就会使政治混乱，国家就会败亡。所以春夏秋冬进行的四种田猎（即春搜、夏苗、秋狝、冬狩），一般都是在农闲时进行。如果鸟兽的肉不是用在祭祀中作为贡奉，如果皮革、牙齿、骨角、羽毛等不在兵器和祭器中使用，那么君主就不会射杀相关的动物。这是自古以来的规矩。那些山林川泽中的产品，作为器用的材料，也是归专人经营，属于特定官吏的管理范围，并不是君主所应该介入的事情。"隐公听了不高兴，说自己是去巡视边境的。隐公以此为借口执意前往观看捕鱼，臧僖伯称病没去。

《春秋》记载隐公到棠地看捕鱼，是说它不合礼法，而且去的地方也太远。君主出去看捕鱼，似乎没有必要小题大做，臧僖伯把事情看得非常严重，隐公不得不打着巡视边界的借口去看捕鱼。有研究者认为，隐公去观捕鱼，是个委婉的说法，实际上就是要把捕鱼业也归于自己权力的直接控制之下，扩大国君自己的财政收入。汉画上的许多画面都是取历史典故为题材的，《观渔图》表现的如果真的就是这个故事，刻画者的目的让我们一时不能很明白。不过对于本文来说，我们只需了解到一些捕鱼的细节就可以了，剩下的问题留给史家们去争辩。

读《左传》这个故事，还有一个细节可以作些观照。据杨伯峻《春秋左传注》说，"公将如棠观鱼"一语，《穀梁》作"观鱼"，《公羊》各本或作"矢鱼"，或作"观鱼"。朱熹《语类》据他书古本有射鱼之事，因谓"矢鱼"为"射鱼"之意。这样看来，观鱼的隐公，也是可以亲自射鱼的。隐公的射鱼，不一定就是以矢射之，也可能如汉画描绘的那样，也是叉射或镖射的吧。不过在微山所出汉画捕鱼的画面上，确可以看到贵族模样的人正拿叉刺鱼，当然也看到有衣冠楚楚的人在水榭上观渔，那里面可能某一位就是鲁隐公。

汉代重视渔业，正如《后汉书·刘般传》所说，"民资渔采，以助口实"，鱼类是饮食的重要来源之一。《淮南子·说林训》提到渔采的技巧，说"钓者静之，罟者舟之，罩者抑之，罾者举之，为之异，得鱼一也"。为了吃到水中的鱼，发明了这许多的方法，这些法子很多在现代还在使用。

烹 鱼

有了鱼，并不等于有了美味，要得美味，还要烹之得法，食之有道。鱼熟之法，古有炙、羹、蒸、炖等火熟之法，也有脯、腊、熏、鲊等腌渍之法，热食与凉食之法不可尽数。古代还有枯鱼之膳，要将鲜鱼晾干后再进行烹调，是水乡平民的常食。

由汉画大量的庖厨图看，对汉代的烹鱼之法也有所表现，如脍、炙之类。在许多庖厨场景，都见到有鱼的图像，鱼与其他肉食悬挂在一起，可以看出鱼在当时是一种重要的食材。如山东嘉祥等地所见的汉画，在庖厨场景上无一例外地都有悬挂着的鱼，有时是一条鱼，有时是并排四五条鱼，这些鱼都是准备用于烹调的食料。在山东诸城见到的一幅大场景的庖厨活动汉画，画面上方绘着悬挂的一排食料，有兔子、猪头、蹄膀之类，自然也少不了鱼，有大鱼，还有一串难得一见的小杂鱼。由是观之，富贵者们的盘中餐里，一定是少不了鱼的。

在山东还发现过烹鱼场面的汉画，有非常具体入微的刻画。嘉祥武

汉画《庖厨图》（山东嘉祥宋山）

氏祠的一幅庖厨图，刻画有一个厨人好像正在洗鱼。另有一石的画面表现了厨屋内的劳作场面，厨人五六人有的在生火，有的在备料，有的准备屠宰，在上方位置有一人正在烤鱼。那人跪在一架炭炉前，一只手在翻动炉子上的鱼，一只手用扇子扇着炉火。他手中的扇子，是汉代常用的样式，汉墓中有实物出土，在汉代称为"便面"。在烤鱼者旁边的食架上，悬挂着一些食材，有禽鸟，还有四条大鱼。烤鱼古称炙鱼，是一道美味，这美味我们在后面还要谈到。

当然汉画上表现庖厨的画面虽然非常丰富，但烹饪的具体内容却大都并不能在画面上看得非常明白，也许有许多烹鱼的场景我们一时不能辨认出来。不过，由汉墓随葬的一些庖厨俑看，有不少都是处理鱼的厨人雕像，这说明厨人的手艺可能常常是通过烹调鱼类的过程显现出来。此外，在汉墓中出土的一些陶灶上，也可以看到灶面上摆放着鱼，那上面的鱼已成为佳肴的一个象征符号。

读《盐铁论·散不足》，说汉代以前的饮食生活相对简朴，行乡饮酒礼老者不过两样好菜，少者连席位都没有，站着吃一酱一肉而已，即便有结婚的大事，也只不过是"豆羹白饭，葵脍熟肉"。而在汉代时民间动

不动就大摆酒筵，"殽旅重叠，燔炙满案"。汉代人对于鱼似乎有着有特别的嗜好。在湖南长沙马王堆出土的汉简中，记有二十四鼎羹，其中就有名列"白羹"的鱼羹，名之曰鲤白羹、鲜鳜藕鲍白羹，主料为肉鱼，配有笋、芋、豆、瓠、藕等素菜。又有脍四品，原料为牛、羊、鹿、鱼。

鱼之为羹为脍，味道均美。孔子要求的"食不厌精，脍不厌细"，其中脍主要指的应是鱼脍。《礼记·曲礼》说"献孰食者操酱齐"，经学家的注解说，"酱齐为食之主，执主来则食可知，若见芥酱，必知献鱼脍之属也"。因此在《礼记·内则》中，又有"鱼脍芥酱"一语。现代人食生鱼片用芥末酱为主要调料，这办法应当是承自周代的传统。

历代都有爱鱼脍的人，后来西晋有个文学家张翰，为官时见秋风一起，想起了家乡吴中的菰菜莼羹鲈鱼脍，说是人生一世贵在适意，何苦迢迢千里追求官爵？于是卷起行囊，弃官而归。唐代白居易诗曰"秋风一箸鲈鱼脍，张翰摇头唤不回"，吟咏的正是此事。莼羹鲈脍确为吴中美味，至今亦然。还值得提到的是，据《本草》所说，莼鲈同羹可以下气止呕，后人以此推断张翰在当时意气抑郁，随事呕逆，故有莼鲈之思，这说法另

汉画《烤鱼图》

有一番道理。莼又名水葵，为水生草本，叶浮水上，嫩叶可为羹。鲈鱼为长江下游近海之鱼，河流海口常可捕到，肉味鲜美。北朝贾思勰《齐民要术·羹臛法》中记有鲈鱼莼羹、菰菌鱼羹、鳢鱼臛等，其中鲈鱼莼羹之烹法是，取四月生茎而未展叶之莼菜，称为雉尾莼，第一肥美，将鱼、莼均下冷水中，另煮豉汁呈琥珀色，用调羹味。这是生食之一法，与孔子时以芥酱食脍又有所不同了。

蒸菜是中国菜中的一大类，蒸食是中国古代烹饪的一大发明，早在商周时就有了很高的蒸技。《齐民要术》所记的蒸菜包括蒸鱼，有裹蒸生鱼、毛蒸鱼菜等，方法一般都是调好味后，直接放入甑中蒸熟。又有腤鱼和蜜纯煎鱼、糖醋鱼等等。腤是一种类似浇汁的烹法，将鱼肉先烹熟，然后再加汤煮或浇上汁。蜜纯煎鱼的做法是，取用鲫鱼净治，但不去鳞片；醋、蜜各半，再加盐渍鱼，约摸过一

顿饭时间便把鱼漉出，用油煎成红色即可食用。

贾思勰还记有炙鱼，最有特色的是捣炙、饼炙和衔炙。衔炙就是整体烧烤，如整猪、整羊、整鱼置炭火上烤熟。如《释名》所说："衔炙，全体炙之，各自以刀割。"捣炙如同烤肉串，用鸡蛋或白鱼肉拌子鹅肉沫，抟在竹签上烤熟。饼炙是取鱼肉或猪肉斫碎，调入味后做成饼状，用微火慢煎，色红便熟，这是一种油煎鱼饼。

食鱼之法又有腌渍之类，鱼鲊脯腊，是用不同方法腌制的鱼肉。《齐民要术》记有荷叶裹鲊、长沙蒲鲊、夏月鱼鲊、干鱼鲊、浥鱼等制法。以荷叶裹鲊为例，制法是将鱼块洗净后撒上盐，拌好米粉，用荷叶厚厚包裹，三二日便熟，清香味美，独具风味。鲊鱼即咸鱼，食时洗去盐，可蒸可煮，可酱可煎，比起鲜鱼，更有一番风味。

对于食鱼而言，无论冷食热食，调味都是非常重要的。从《齐民要术》的记述中，我们知道了烹调鱼类的一些细节，其中的一些主要烹法应当是自汉代就成熟了，到今天我们也依然还在享用这些烹法做成的美味。

食　鱼

食鱼之法，亦是不能胜数。厨师对于一条鱼，可以整体烹调、清蒸、红烧都可以。可以炖汤，还可以片熘，也可以为丸。周代时生鱼片和咸鱼片都曾用于王室祭典，如《周礼·笾人》所言："朝事之笾，其实臐鲍。"臐、鲍都是大块的鱼片，前者为生，后者为咸。如果是细切的生鱼片和鱼丝，则名为脍，所谓"脍不厌细"也。汉代前后流行脍、炙，脍、炙或为牛羊宰，惯常特指的是生鱼片和烤鱼。

由画像石上的宴饮图看，虽然有许多表现了进食的场景，不过要明确看出是否吃的鱼并不容易。尤其是如果是食鱼羹和鱼脍，要在粗糙的石面上刻画出来更是艰难。不过如果是享用的全鱼，那还是不难刻画的，这样的画面我们在画像石上还真有一些发现。

汉代宴饮用盘案，盘中盛放肴馔，再将菜盘置于案中。考古发现过许多漆绘的盘案实物，汉画上对盘案也常有表现。一般是案方盘圆，也有时是盘圆案也圆。汉画上刻画的盘中餐，经常表现的是全鸡全鱼，应当是蒸、炖而成。在全鱼中，也许还有称为衔炙的烤鱼。如山东嘉祥武氏祠的一画像石刻画的是一祭案，案中有五盘，其中有双鸡双鱼。河南南阳有一画像石也刻画的是盘中餐，餐案中有几只全鸭，有烤肉串，最显眼的是盘中有一条大鱼，鱼大出盘子很多，可能也是烤出的全鱼。在山东沂南北寨的一方长条形画像石上，一端刻画着备宴图，图中有一个椭圆盘，盘上盛着两条大鱼。而在江苏徐州的一石上，刻画着窗棂的格子，上面却有三只鱼盘，也都是全鱼。这画意似乎是以鱼盘作为建筑的装饰，也许寄予着一种特别的希望。

山东嘉祥宋山的一方《庖厨图》画像石，整体刻画的是一幅烹饪场景，但在画面的右上方却是表现的宴饮场景，别有内涵。画面上的两个人衣冠楚楚，面对面跪立在食案前，但也捋着袖子，一人舞着小刀，正待切鱼。要吃上鱼，还要动刀子，一定是吃的生鱼。旁边还有酒樽、酒勺和酒杯，二人是在边饮边吃，而且双手不断比画着，似乎还在高谈阔论着什么。

食案，鱼，刀，酒樽，酒勺、酒杯和面对面的二人，这个画面非常有意义，这是一幅难得的食鱼图，而且应当是享用的生鱼。

在山东苍山见到一石，刻画的是进食图，其中有一人持刀进食，这让我们想到会不是在食脍，边割边食。

在古代礼食中，鱼的享用还有一些特别的礼数。如三礼记述周代食鱼，说如果上的菜是整尾的烧鱼，一定要将鱼尾指向客人，因为鲜鱼肉从尾部易与骨刺剥离。干鱼则正相反，上菜时要将鱼头对着客人，干鱼从头端更易于剥离。冬天的鱼腹部肥美，摆放时鱼腹要向右，便于取食；夏天的鱼鳍部较肥，所以要将背部朝右。在独尊儒术以后，汉代人食鱼一定是遵循着周礼的规制，不过这些细节在汉画上我们还没有发现确切的证据。

崇 鱼

在孟子的时代，曾将鱼与熊掌相提并论，两者都是至味。到汉代时鱼仍是美食，也是常食，有时觉得很平常，有时又会显得很珍贵。由食鱼生发出的一些风俗，生发出的一些希冀，使得饮食在文化上的意义有了新的延伸。

我们注意到，汉代时人们在建筑装饰上常会采用一些鱼纹题材，以鱼为吉。江苏徐州一石上刻画带有三只鱼盘的窗棂，将鱼作为建筑装饰的题材，在汉代比较普遍。在山东潍县的一方石上，以三只羊头和若干条全鱼作为建筑构件的装饰，不仅让人想到鱼羊之鲜，也会想到鱼羊之吉。在山东东阿的一方石上，也刻画有羊头和

汉画《人面鱼纹图》（山东邹城）

全鱼，可见以鱼羊为美味的代表、为吉祥的象征，在汉代一定是普遍存在的观念。山东枣庄见到一幅双鱼祭盘汉画，画有两个盛鱼的圆盘，在鱼盘之间还有一个插着三支香的香炉，这显然是以鱼为祭，或许是平民祭仪的一种。山东邹城的一石上面刻画一人（神）面的嘴角左右各有一条全鱼，不知是表达了嗜鱼的心态，还是与什么神话传说相关。它很容易让我们想起史前时期半坡人彩陶上的人面鱼纹，两者的画意如出一辙，很有意思。

邹城的那方石是残石，画面留存下来的是一条鱼和半个羊头，推测原石是中央为羊头，左右各有一鱼，鱼头向着羊头。在山东肥城的一方石上见到了类似的画面，左右是两条相对的鱼，不过中间不是羊头，而是一个四出的柿蒂纹，也是一种吉祥图案。

汉画《鱼阵图》（河南郑州）

汉画《双鱼铺首》（山东微山）

在河南郑州的几方石上也都有带鱼图的建筑装饰画，鱼成排出现排成鱼阵图，很是壮观。

在画像石的建筑装饰画中，还值得提到的是带有鱼的门环铺首图像。在山东安丘和梁山等地，都发现了相似的门环铺首刻石，在狰狞的兽面下，还悬有吉祥的双鱼。铺首与双鱼，似乎是一对矛盾的事物，一方面表现的是警觉，另一方面表现的却是温情。又见山东微山一石，也刻画着双鱼铺首，但构图又有不同。双鱼是在铺首的两侧，铺首的两耳呈鸟首状，鸟喙衔着鱼头。这其中也许有另外的喻义，还有待进一步阐释。

双鱼，也许就是双鲤鱼，后来是男女爱情的象征物。在汉代好像这双鱼与爱情还没有明确的联系，见到这双鱼，让人想到汉乐府《饮马长城窟行》中脍炙人口的句子："客从远方来，遗我双鲤鱼。呼儿烹鲤鱼，中有尺素书。"原来这鲤鱼是传递书信的。闻一多先生曾考证说，那会儿多以鲤鱼状函套藏书信，所以诗文中常以鲤鱼代指书信。据称到后来的唐代，传递的书信干脆以尺素结成双鲤之形，这也许可以看作是汉代人遗下的传统。如此说来，汉画上那铺首下悬的双鱼，说不定还真是像信箱那样的物件，果真如此，那是非常有趣的事。

还值得一提的是，在一些地方出土的墓砖上，模印有各式鱼纹，特别是河南方城出土大量的鱼纹墓砖。鱼纹如果细审一番，应当可以分辨出不同的鱼品来。

在汉代的灯戏中，有一种大鱼

灯。山东沂南的一方石上绘有百戏图，其中就有鱼灯戏。人们舞动着大鱼灯，那灯里一定闪动着烛光。从这舞动的大鱼灯上，我们可以看到汉代时的人们对自然的热爱和对平安生活的向往。

我们还知道，汉代时神仙说盛行，神仙故事是人们津津乐道的话题。汉画上有许多画面是用于表现神仙题材的，其中有一些鱼车图像很引人注目。如河南唐河和南阳，就见到几石有鱼车图的画像，几条大鱼拉动着无轮的大车在波涛中行进，车上乘有仙人，左右还有仪仗簇拥，好一幅神话景象。研究者一般认为车上之人

为黄河水神，就是大名鼎鼎的河伯，河伯本名冯夷，因为渡河淹死，天帝封之为水神。依《九歌》所吟，河伯是乘水车驾两龙，那水车也许就是鱼车，而引车之龙也许就是鱼龙。传说会乘鱼的仙人，还有一位是琴高。依陶弘景《本草》的说法："鲤最为鱼中之主，形既可爱，又能神变，乃至飞越山湖，所以琴高乘之。"琴高也是传说中的仙人，依汉代刘向《列仙传》的说法，他是东周时赵人，是一位鼓琴的好手，他的坐骑是鲤鱼，所以葛洪在《抱朴子·对俗》中说："琴高乘赤鲤于深渊。"

我们现在还很流行的吉祥语"年

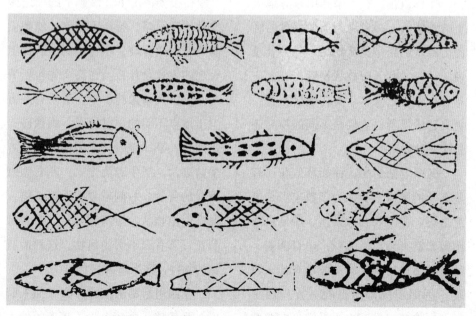

汉画《鱼图》（河南方城）

年有余"，这里的"余"在艺术中是用"鱼"来表现的，与用蝙蝠来象征幸福取意相同。如果从汉画上看，这样的一种年年有余的希冀，也许在那个时代就已经生发出来了，将鱼形刻画在窗棂上，装饰在门环上，模印在墓砖上，鱼成为一个常见的象征符号。

由汉画之各类鱼文图像，我们看到了汉代的一幅幅美味图景，看到了大量食鱼烹鱼的情景，也看到了与鱼相关的许多历史记录和图像。鱼为人类带来了美味，也带来了丰厚的希冀，还为人类的文化带来了一些特有的象征符号。这样的象征符号到今天依然得到认同，中华文化深厚的底蕴由这一细节得到了充分体现。

◎三秀：汉画中的芝草

在四川地区出土的汉代画像砖和画像石上，我们偶尔可以看到这样的画面：在一些宴饮图和神仙图中，有侍者或仙人举物献食，所献物有茎有叶，如草似花。在河南和山东等地出土的画像石上，也见到类似献食的画面。所献到底是什么物品，各种著录说法不一，有云树枝状物者，有云芝草者，亦有云朱草、鲜花或嘉禾者，更有云乐器者。它们是不同的物品还是同一种物品呢？

汉画上见到的这种如草似花、有茎有叶的图像，我认为多数应当是灵芝之属。在一些画像砖上，所见灵芝图像非常真切，有茎秆，也有菌盖，研究者在进行判定时一般没有什么分歧。例如在成都出土的一方《西王母》画像砖，画面中心是端坐在龙虎座上的西王母，右侧绘一奉物的玉兔。玉兔捧一茎三歧灵芝，灵芝带有菌盖，芝茎基部还绘有根须，灵芝特点相当清晰。

在很多情况下，汉画上的灵芝图像都比较简略，特点不明确，使我们的判断发生分歧，不容易明白画面上表现的究竟是什么。在高文先生所著《四川汉代画像砖》中，著录有一方出土地点不明的《宴饮图》画像砖，画面绘一亭，亭内三人席地围坐在方案前宴饮。居中者为主人，左右为献酒食的侍者。右侧献食者手捧一物，形态做植物状，短茎有叶片，有点像荷花，著者云不明为何物。这种荷花状的物件，亦当属灵芝之类。

在四川新都出土的一方《仙人骑鹿》画像砖，画面上除了骑鹿的仙人以外，鹿前还有一持三歧灵芝的仙人，灵芝上可以明显地看到三个菌盖。或以为仙人手持的是花朵，不确定。在四川彭州也发现了一方《仙人骑鹿》画像砖，在骑鹿仙人后面，又有一手托仙药的仙人。两仙人举手相招，在他们之间的地面上生长着一茎状如鹿角的植物，有茎有叶，摇曳多姿。引人注意的是，画面上植物的梢头开放有一朵四瓣的花，这是一茎正值开花的灵芝，明显不同于短茎且有菌盖的灵芝。

《仙人骑鹿》画像砖（四川新都）

闻宥先生所著《四川汉代画像选集》收录有成都西门外出土的一方《西王母像》画像砖拓片。图中西王母亦是端坐在龙虎座上，两侧有仙人献物。所献物为"树枝状"，闻宥先生以为是"嘉禾"，又说似某种乐器，没有定论。现在看来，它一定不是什么乐器，又不见禾穗，所以也不可能是嘉禾。它应当还是灵芝，是又一种无菌盖的灵芝。

《西王母》画像砖（成都）

我们还注意到，《四川汉代画像选集》另外还著录有出自新津的三幅与灵芝相关的汉代画像。一幅为凤鸟图，一双相对而栖的凤凰，凰鸟衔着一枝单茎的灵芝，灵芝表现有层叠的菌盖。另外两幅都是西

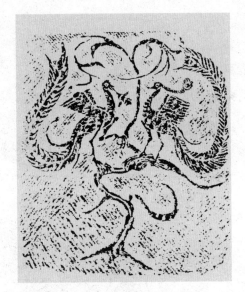

《伏羲女娲》画像石（河南南阳）

王母像，构图大体相似，画面中都见到一奉献灵芝的仙人，所持灵芝为多歧的鹿角形，无菌盖。闻宥先生认为仙人手持为嘉禾，有误，画面上也未见禾穗，无法判定为嘉禾。

由上所述，表现有灵芝图像的汉画，在四川地区出土比较多。我们在这些汉画上所见的灵芝图像，形状各异，既有标准的菌盖形灵芝，又有鹿角形灵芝和莲花形灵芝，还有花叶形灵芝。

绘有灵芝图像的汉画，在四川以外的其他地区也有发现，河南、浙江和山东都见到了类似的灵芝图像。如河南淅川汉画像砖墓发掘出土的羽人画像砖，砖面上模印有完全相同的两

个羽人，发掘者作了这样的描述："羽人面向右方，侧身而立，长发飘于脑后，浓眉大眼，高鼻尖颔，脚踏云气，双手执仙草做奔腾状。"画面上羽人手中的仙草，也是三歧的灵芝，也没有表现灵芝的菌盖。河南南阳县军帐营出土的一方伏羲女娲图画像石，相对而立的伏羲女娲各执一独菌灵芝，芝形如伞盖。河南新野张楼出土的一方西王母图画像砖，图中的西王母端坐在山巅，一侧踞跪着羽人，羽人手持灵芝，献与王母。图中灵芝为长茎的树枝状，枝杈为两歧，并绘有多片叶子。

在浙江海宁出土的一幅庖厨图画像石上，见到绘有担鱼、酒的厨人等6人的图像，其中右下角的一人个子稍矮，长袍束带，手举一物，原报告认定那是荷花。其实这位矮人举起的，可能也是一茎灵芝。

绘有灵芝图像的汉画，在出土画像石最多的山东地区也见到一些。朱锡禄编著的《嘉祥汉画像石》有一方出自嘉祥宋山的画像石《西王母图》。图中西王母头戴华胜凭几而坐，左右有近10位仙人献食，有持杯献玉浆者，有6位持枝叶状物进献西王母，朱锡禄认为所献物为"朱草"。同书著录出土自同一地点的另一幅画像石，也绘有西王母图，西王母一侧

也见有献"朱草"者。《山东汉画像石选集》也著录有这两幅画像石，称所献物为"仙草"、"芝草"。两种著录所称的朱草、仙草、芝草，指的都是灵芝，判定准确。两图所见灵芝图像，多为一茎三叶的禾本状，没有菌盖，与四川成都和新津出土的西王母画像上的灵芝形态相同。

傅惜华编纂的《汉代画像石全集》第二集，著录有山东益都稷山的摩崖刻石，其中有一幅画面为98.5厘米×62厘米，绘正面和侧面的人各一，惜无解说。侧面人长袍束带，头着巾帻，手持一物如荷花，正欲献与正面人。正面人实为一佛像，身着袈裟，头上有肉髻；右手举起，止于胸前，五指舒展，施无畏印相。东汉佛像过去认定发现十多例，此一例研究者们还不曾认定，它应是年代最早的佛像之一。值得注意的是，摩崖所见侧面人手持的实际上也是灵芝，为荷花样的灵芝，与四川所见的宴饮图画像砖上的灵芝图像相近。

灵芝在古代又称为芝、芝草、三秀等，被视为瑞草、神草，《说文》即云："芝，神草也。"罗愿《尔雅翼·芝》云："芝，瑞草，一岁三华，故《楚辞》谓之三秀。"所言即《楚辞·九歌·山鬼》中"采三秀兮于山间"一语，注云"三秀谓芝草也"。三秀作为灵芝异名，后世仍然沿用，沈约有《早发定山》诗云"眷言采三秀，徘徊望九仙"。

汉代人对灵芝情有独钟，与早先就流行的黄老学说不无关系。汉王朝立国之始，尚黄老之治，神仙方士活

汉画中的芝草图案

羽人画像砖（河南淅川）

汉画中的芝草图案

动十分活跃。汉武帝步秦皇后尘，求寿求仙，当时有方士少翁、栾大、公孙卿等人，鼓吹炼丹，夸说服食灵芝玉液可得长生，造成了历史上延续时间最久、规模最大的寻药求仙活动。作为一种风气，影响之深远，还不仅仅限于汉代初年的那个时代，它不仅影响了两汉时代的社会生活，流风还波及汉代以后。

汉代上层社会的人们追求延年长生，梦想得道升仙，千方百计在自然界中寻找长生不老之药。灵芝正是作为一种仙药而进入汉代人的生活中的，历来本草有灵芝"服之可以成仙"之说。芝草早在燕齐方士的求仙寻药活动中就被看作是长生不老之药，《汉武内传》借西王母之口说芝草为"太上之药"，"得而食之，后天而老"。班固有《灵芝歌》曰："因露寝兮产灵芝，象三德兮瑞应图，延寿命兮光此都。"食灵芝可得长生，那时的许多人都深信不疑，连无神论者王充也不例外，他在《论衡·初禀》中即说："芝草一年三华，食之令人眉寿庆世，盖仙人之所食。"类似的说法后世依然沿袭着，如《宋书·符瑞志》亦云："芝草，王者慈仁则生，食之令人度世。"

《汉书·艺文志》记有"黄帝杂子芝菌十八卷"，注云"服饵芝菌之法也"。这表明在汉代灵芝不仅作为药物使用，而且在一定范围的人群中还被选作日常保健食品。我们在汉代的文献中，也可读到一些证实当时人们日常食芝的文字：

焦赣《易林》：茹芝饵黄，饮食玉英。

王褒《九怀》：北饮兮飞泉，南采兮芝英。

冯衍《显志赋》：饮六醴之清液，食五芝之茂英。

张衡《思玄赋》：聘王母于银台，羞玉芝以疗饥。

《古今乐录》录汉代商山四皓《采芝操》：晔晔紫芝，可以疗饥。

古人认定的灵芝，就形状而言，比我们今天所说的菌盖形灵芝要多姿多态，种类较多。《埤雅广要》言灵芝"或如鹿角，如伞如盖，皆坚实芳香，叩之有声"。我们今天所能读到的谈论灵芝品种较为详尽的古代文献，当为葛洪所著的《抱朴子》。《抱朴子·内篇》说灵芝可分为五大类，称为"五芝"。"五芝者，有石芝、有木芝、有草芝、有肉芝、有菌芝，各有百许种也。"

《抱朴子》言石芝中又有石象芝、玉脂芝、石蜜芝、石桂芝、石脑芝之分，"石桂芝生名山石穴中，似桂树而实石也，高尺许，大径尺，光

明而味辛，有枝条，捣服之一斤，得千岁也"。这是树枝状的石芝，实际上可能指的是钟乳石。"木芝者，松柏脂沦入地，千岁化为茯苓，万岁其上生小木，状似莲花，名曰木威喜芝。"葛洪说这种木芝可以辟兵、寿年、隐形、疗病。木芝中还有一种是千年的松树枝，"松树枝三千岁者，其皮中有聚酯，状如龙形，名曰飞节芝"。还有开花结果的木芝，"樊桃芝，其木如升龙，其花叶如丹萝，其实如翠鸟，高不过五尺"。又有状如莲花的木渠芝，"木渠芝，寄生大木上，如莲花，九茎一丛"。汉画中所见的树枝状、莲花状的灵芝，大概就属于石桂芝、飞节芝、木威喜芝、樊

汉画中的芝草图案

桃芝、木渠芝之类。

葛洪所说的草芝，包括独摇芝、牛角芝、龙仙芝、麻母芝、白符芝、朱草芝、龙御芝、五德芝等，"白符芝高四五尺，似梅，常以大雪而花，季冬而实。朱草芝九曲，曲有三叶，叶有三世也"。不少著录都将汉画上的草叶状芝草视为朱草芝，实际上我们并没有在画像砖或画像石上见到这种九曲二十七叶的灵芝图像。还有一种说法是，朱草有十五叶，如《大戴礼·盛德》说："朱草日生一叶，至十五日生十五叶；十六日一叶落，终而复始。"这种十五叶的朱草，在汉画上也没有见到。

根据研究考证，历代关于芝草的著作有35种之多，但大多已亡佚无存，存世著作中年代较早的是收录在《道藏》中的《太上灵宝芝草图》。是书图绘芝草103种，有的芝草呈宫室、楼阁、车马之形，怪异非常，有的当为畸形芝草。《本草纲目》论灵芝药效，也涉及形状，李时珍说："芝类甚多，亦有花实者。"四川彭县出土的仙人骑鹿图画像砖上的芝草，梢头开放着一朵四瓣花，当为正华正秀的一种草芝。

我们现在所说的灵芝，属于菌类范畴。对古人而言，灵芝不仅形态变化多端，非止菌盖类一属，还包括一些被认为有神奇功能的植物，人们甚至将不少形成期或生长期很长的矿物与植物，也归入芝属。

被古人当作仙药和不死药的灵芝，尤其是菌类灵芝，其药用价值确实是存在的。中医认为灵芝甘平无毒，治虚劳、咳嗽、气喘、失眠、消化不良，可研末内服。我们在许多西王母图汉画上，都见有玉兔以杵臼捣药的画面，捣碎的药中就可能包括灵芝，表明灵芝在汉代一般可能也是研磨服用。

现代的许多药理研究表明，灵芝中含有多种微量元素和有机物质，对人体的健康有显著的调节作用。灵芝中还富含有机锗，是一种可用于抗衰老的天然药物。古代方士与神仙将灵芝作为"不老"之药，应当说包纳了一定的经验科学道理，还不能看作是纯虚妄的迷信。

由四川及其他地区出土的汉代画像石和画像砖所表现的芝草图像看，芝草不仅与道家学说密切关联，这有数量很多的仙人与西王母画证明；芝草还被引到刚刚由域外传入不久的佛教领域，山东益都稷山摩崖即是证明；芝草还被用作权贵阶层日常生活的保健食品，四川见到的宴饮图和浙江发现的庖厨图就是最好的证明。

叁

且食且思

食为何，饮为何，口腹之欲，充饥止渴？

也不是吧，瞧这位春秋时代的黔敖先生，得嗟来之食，宁死不食。

食为天，黔敖不以得天为幸，一定是有更加重要的东西。

◎食与人格：由"嗟来之食"说起

春秋齐国有个叫黔敖的人，一年遇上大饥荒，他做了饭食摆放在路边，等待那些饥民来吃。一天来了一个以衣袖蒙脸的饥人，跌跌撞撞的，看样子很长时间没吃东西了。黔敖左手端着饭食，右手举着浆饮，好像救世主的样子，很是轻蔑地对那饥人说："嗟，来吃吧！"饥人仰起头瞪着黔敖，十分高傲地回敬道："我就是因为不吃你们这号人的嗟来之食，所以才弄到今天这样的地步！"结果他连黔敖的饭食看都没看一眼就走了，不久就饿死了。这是《礼记·檀弓》中记述的一个故事，饥人不受带侮辱性的"嗟来之食"，宁可饿死，也不失自己高尚的人格。

东周时代人们追求的这种人格，是一种传统的理想人格，有人认为这是一种"君子人格"。不同的人追求的理想人格是不同的，先秦不同学派就有不同的人格追求。如儒家的理想人格是圣贤，以贤能为行为规范；道家的理想人格是隐士，以无为为追求目标；墨家的理想人格是义侠，以兼爱为社会道德；法家的理想人格是英雄，以自强为处世态度。后来的佛家，其理想人格则是"超人"，以超尘绝俗为理论基础。齐国饥人在黔敖面前表现的是一种追求平等的行为，处境可以比你艰难，地位可以比你低下，但人格要求平等。

这种要求人格平等的欲望，在东周时代的饮食生活中表现得特别强烈。

有件发生在郑国的故事，见于《左传·宣公四年》的记载。楚人献鼋给郑灵公，公子宋（子公）与公子归生（子家）知有这样的美味，很想一饱口福。灵公知道了子公的意思，想有意刁难他。灵公把大夫们都召来，让他们一起尝尝鼋汤。同时也叫来了子公，却并不给他吃。子公站立一旁，怒火中烧，跑上前去，将手指伸到鼎中，沾了一点鼋汤尝了尝，转身走出了大殿。这举动使灵公不能忍受，他下决心要除掉子公。子公与子家预谋在先，还没等灵公动手，他们先杀了这国君。一锅鼋汤，就这样酿成了一幕血淋淋的宫廷悲剧。

更有甚者。《战国策·中山策》说，中山国君有一次宴请他的士大夫们，有个叫司马子期的也在座。就因为有一道羊肉羹的菜没让子期吃到，他心里感到十分窝火，一气之下跑到了南方的楚国，请楚王派兵讨伐中山国。中山国君只身逃脱，免于一死。逃亡中他发现身后总有两个人紧紧跟随，一问才知，他们是兄弟俩，早年他们的父亲饿得快要死了，是中山国君送给他干粮吃，救了一命。二人救驾，正是为了报这救命之恩。中山国君十分感叹地说："我因为一碗羊肉羹而亡了国，又因一袋干粮而得到两个勇士。"

不过就是一口鳖汤，一碗羊羹，致使一场战事失败，一个国君丧命，一个国家灭亡。这说明了什么?用今天的眼光看，我们可以谴责当事者的极度狭隘自私，他们是败国殄民的小人。不过以当时的社会背景而论，还不能简单地下这样的结论。他们是在觉得自己的人格受到伤害时，才采取强烈报复行为的。他们并不是为了争得那一口微不足

春秋时期齐国的青铜盆（山东沂水）

汉画《二桃杀三士图》

道的食物，他们是要用最激烈的方式证明自己存在的价值，哪怕是付出鲜血与生命也在所不惜。

春秋时代还有一个"二桃杀三士"的故事，见于《晏子春秋·谏下》。说的是齐景公时的三个大将公孙接、田开疆、古冶子，他们勇猛无礼，闹得景公很不自在，想除掉他们，可又没有稳妥的办法。还是晏子帮忙设了一个圈套，以景公的名义给三人两个桃子，让他们比比功劳，功劳大的两人一人吃一个桃子。公孙接和田开疆争先摆出了自己的功劳，说完就一人拿起了一个桃子。那古冶子曾救过景公的驾，按说这样的大功更有权吃桃，可他慢了一点，没有抢到桃子。公孙接和田开疆虽然拿到了桃子，心里却并不平静，他们突然想到：我的勇力不及古冶子，功劳也赶

不上古冶子，可我却抢桃不让，这是贪功行为呀！二人觉得无脸见人，当下拔出剑来刎颈而死。古冶子见状，也觉着活着没什么意思，同他二人一样，也刎颈而死了。齐景公的目的就这样轻而易举地达到了，利用的也正是当时人追求的普遍人格心理，这自然就是一种君子风度。平日要保持这风度，一旦发现自己没有了这风度，便会觉得无地自容，甚至用结束生命的方式去维持那人格的完整。

一肉之恨必泄，一饭之恩必报，是东周时代理想人格表现出的典型品德。微不足道的恩恩怨怨，竟能使平地掀起波澜，多少惊心动魄的悲喜剧，都由这小小恩怨酿成。多少诸侯多少贵族，正是利用了这种社会心理，招客养士，编织着他们灿烂的梦。

◎战国君侯：食客三千

齐桓公由于得到管仲的辅佐，首开春秋时代大国争霸局面，成为第一个盟主。他为了广泛搜罗人才，养游士80人，供给他们车马衣食钱财，让他们周游四方，招集天下贤士去齐国。后来列国都仿效这种做法，争相网罗人才，不仅国家养士，有权的卿大夫们也都争相养士。这些士谁给的待遇高，就为谁效力。于是又有了训练士的大师，孔子曾聚士讲学，教习六艺，他的士不少都做了官。所谓"弟子三千"，优良者有七十二人之众。到了战国时代，一些名望较高的学者没有不聚众讲学的，许多有识之士都把从师作为进入仕途的捷径。

士一般都受过良好的教育，能文能武，他们不由世袭，有的贫苦出身，完全靠后天的努力。这些士学成后，为了得到发挥作用的机会，四处游说。一旦得到赏识，便有可能提拔为国家大臣，甚至能升到卿相的位置，起到左右政局的作用。如商鞅本是魏相国公叔痤的家臣，他到秦国说动了秦孝公，一下子任为大良造，得到了秦的最高官职。张仪也是通过游说而得到重任的，成为显赫一时的风云人物。

战国中期以后，诸侯国中有权势的大臣也常常养士为食客，为个人既定的目的服务。战国四君——齐国孟

战国铜灯

尝君田文、赵国平原君赵胜、魏国信陵君魏无忌、楚国春申君黄歇，还有秦国文信侯吕不韦，他们收养的食客都达三千人之多。这些食客主要包括不同学派的士，也有罪犯、奸人、侠客。食客们帮主人出谋划策，奔走游说，以至代为著书立说，无所不为。

齐国孟尝君田文，为宗室大臣田婴之后，袭封于薛（山东滕县东南）。他"招致诸侯宾客及亡人有罪者，舍业厚遇之，以故倾天下之士"。他养的食客多达数千人，而且能平等相待，不论其贵贱高低，都与他自己吃一样的饭，穿一样的衣。孟尝君在与食客们聊天时，屏风后有侍史记下他们谈话的内容，特别要记下食客亲戚的住所。等食客告辞后，孟尝君马上派人去探望食客的亲戚，并且送上一份厚礼，以此笼络人心。有一天夜晚，孟尝君招待新来的食客吃饭，偶尔有人无意中挡住了灯光，客人见此情景，十分恼怒，他以为一定是给自己吃的不怎么好的馔品，于是推开食案起身就要离去。孟尝君站起身来，端起自己的饭同客人的相比，客人看到饭菜并无两样，知道自己错怪了孟尝君，十分惭愧，竟提起剑来自刎谢罪。因为这个食客的自尽，又有许多士赶来投到孟尝君门下，孟尝君统统收下，不分优劣，都尽心款

待，这使得他的威望越来越高，影响也越来越大。

孟尝君后来先后为秦、齐、魏三国之相，在艰难之时，都有食客相助，左右逢源，以至鸡鸣狗盗之徒，都能挽救他的性命。秦昭王召孟尝君为相，后来把他囚禁起来，准备杀害他。孟尝君使人求昭王幸姬解救，而幸姬却要孟尝君的狐白裘衣为谢。此衣先已献给昭王，早已不属孟尝君。恰好食客中有能为狗盗者，夜里扮狗进入秦宫库房，硬是盗出了那宝贵的狐白裘。幸姬得了宝衣，就到昭王面前说情，昭王在美人面前没了主意，竟然糊里糊涂地释放了孟尝君。孟尝君出了秦都，赶紧东逃，及到函谷关，关门紧闭，一时出不去。守关有法，规定鸡鸣才开门放人通行，而孟尝君食客中正有一位能学鸡叫的，他一叫而百鸡齐鸣，鸡鸣声中关门大开。刚刚脱逃出关不久，只不过一顿饭工夫，后悔了的秦王已派兵追到关口，真够危险的。孟尝君此后的决策行为，多得力于他门下的食客，如苏代、冯驩之流，有如左膀右臂。

赵国平原君赵胜，为赵惠文王之弟，任赵相。平原君喜好宾客，也有食客数千人。平原君家的楼房邻近民居，邻居有一跛足者蹒跚汲水，平原君有一美人在楼上见了，频频发笑。

跛足者第二天找到平原君告状，并请求得到讥笑他的美人的头颅。平原君当然没有答应，没想到门下食客有半数因此而离开了他，以为他爱女色而贱贤士。平原君为重新赢得天下之士的信任，不得不狠心斩下美人头，亲自送到邻居家谢罪。结果，食客们又纷纷回到他的身边。

一次秦军包围了赵都邯郸，情势十分紧急，赵君让平原君去搬救兵，平原君的门客毛遂自荐，与其他食客二十人一起赶到楚国求援。毛遂以他善辩之才，说得楚王唯唯诺诺，愿意赔上老本出兵，结果解除了邯郸被围困的状态。援兵到来之前，平原君在食客中挑选出三千敢死之士，与秦军拼死搏斗，硬是逼得秦军后撤了30里。平原君事后夸赞毛遂说："毛先生一至楚，而使赵重于九鼎大吕。毛先生以三寸之舌，强于百万之师。"照这么说来，养士胜于养兵了，花多少资本也是值得的。

魏国信陵君魏无忌，是魏昭王的少子，任上将军。他为人仁义而不耻下交，不论贤与不贤的士，他都能以礼相待，不敢自恃富贵而看不起他们。所以数千里之外的士都投到他门下，使他也有了食客三千人之众。诸侯因魏无忌贤能，门客又多，十多年间不曾对魏国发起战争。信陵君常指

战国错金银鼎（陕西咸阳）

派自己的食客去别国进行间谍活动，搜集军事情报。秦军围邯郸，他的姐夫平原君向魏告急，信陵君紧急中用门客侯赢之计，窃得兵符；又使门客屠户朱亥刺杀魏将晋鄙，代之而为将军，领兵救赵，解了邯郸之围。信陵君在赵国时，又与博徒毛公、卖浆者薛公相善，深得赵士人心，连平原君门客半数都转而依附于他自己。信陵君归魏后任上将军，又率五国联军破秦军，威震天下。各地来投奔他的门客争进兵法，于是辑为《魏公子兵法》二十一篇，可惜已散佚不存。

春申君黄歇，为楚国大臣。当年楚兵解邯郸之围，便是春申君的统帅。他与上列三君一样，力争游士，招致宾客，拥权辅国。平原君曾派使者访问春申君，使者为了在楚国炫

耀，以瑇瑁为簪，刀鞘以珠玉为饰。而春申君食客三千余人，其上客皆穿着珠履接待赵使，赵使感到十分羞愧。

文信侯吕不韦，出身富商，受任为秦相，食邑十万户，有家僮万人。他见四君礼贤下士，自叹不如，也设法招致宾客，至有食客三千人。门客为之著《吕氏春秋》，以为备天地万物古今之事，洋洋二十余万言。书成后，在咸阳城旁公布于众，悬千金于上，扬言诸侯之游士有能增损一字

者，赏予千金，可见吕不韦食客中确有不少当时第一流水平的人才。

被各国权势者当食客收养的士，到了战国时代，成为社会上最活跃的一个阶层。他们接受主子的衣食，为主子效力。这些食客有时能起到决策性作用，有时还会成为左右政局的关键人物。士的思想很明确，你瞧得起我，善待我，我可以为你赴汤蹈火，东周时代流行的"士为知己者死"的话，正是士的人生观的概括写照。

◎ 为官之道与饮食之道

饮食生活上的过于奢和过于俭，都失之于偏颇，难得饮食之正道。饮食之道，似乎并无什么奇巧可言，一般人都会说出点套路来，尤其是那些吃盐比别人吃饭还多的人，更有丰富的经验之谈。即便是这样的人，也未必完全弄通了饮食上的道理，他们的饮食观念、饮食态度与饮食方式，未必完全正确、完全得当。《礼记》中的《中庸》一篇，引述了孔子的一句话，说是"人莫不饮食也，鲜能知味也。"谁人不吃不喝？但真正懂得饮食之道的人却少得可怜。魏文帝曹丕的《典论》也说："三世长者知服食。"有三代以上阅历的老者才真正

会懂得吃饭穿衣的学问，可见饮食之道非三两日所能悟得。宋代张未的《明道杂志》引述钱穆的一句名言说："二世仕宦，方会著衣吃饭。"后来又有"三辈子做官，学会吃唱穿"的俗语，看来吃的学问确实还很深奥繁杂，非有长久的实践而不可得。

历史上有许多为官者、为学者，都曾研究过饮食之道，不过多数研究都或多或少受到传统思想和历史学派的影响，或者直接就是为传播某学派思想服务的，因此能否认定为公允，多少是要打些折扣的。就拿比较公允的儒家学派来说，尽管它所包纳的饮

东汉壁画《夫妇宴饮图》

食思想对中国饮食文化的发展发生过决定性的影响，但它也并非完美无缺的，比如它过多地强调礼化的饮食，而并不怎么看重科学的饮食，不能不说是一个大缺憾。至于佛教与道教的饮食观，偏颇之处就更明显了。科学的饮食观，是随着科学（社会的与自然的）的不断发展逐步完善起来的，科学还要发展，饮食观念也将进一步完善。一个人不可能完全依赖自己的饮食实践形成完善的饮食观，还要依靠社会文化的积累和历史传统的教化，要以他人的教训和古人的经验丰富自己。

以中国古代的情况而言，饮食之道全清代应当说是比较完善了。这是成千上万年经验积累的结果，如果仅从神农氏的时代算起，这经验的摸索费了不下一万年的工夫。清代有关饮食烹饪的著作很多，我以为表达了比较正确的饮食观，以李渔的《闲情偶寄》和袁枚的《随园食单》最为重要，尤其是后者，可算是最系统的集大成之作。

李渔，浙江兰溪人，是清代著名戏曲理论家、作家。他的《闲情偶寄》分饮馔、种植、颐养三部，饮馔部所述几乎全是他自己的见识，而不同于一般的食谱类烹饪著作。他写的饮馔部分，分为蔬菜、谷食、肉食三节，他把蔬食放在卷前，而将肉食放在卷后，表达了他提倡清淡饮食的主张。他说："吾为饮食之道，脍不如肉，肉不如蔬。"远肥腻，甘蔬素，是他养性修身的重要内容。

李渔论蔬，将笋列为第一。他说："论蔬食之美者，曰清、曰洁、曰芳馥、曰松脆而已矣。不知其至美所在，能居肉食之上者，孕在一字之鲜。"笋的特点，正在于鲜，所以说"此蔬食中第一品也，肥羊嫩豕何足比肩？""《本草》中所载诸物，益人者不尽可口，可口者未必益人，求能两担其长者，莫过于此。"李渔以为至鲜至美之物，除笋之外便是蕈了。"食此物者，犹吸山川草木之气，未有不益于人者也。"如瓜茄葱韭芥辣汁，李渔都有独到的认识，不少都是与人不同的感受。

李渔论羹汤，道理很是精彩，为他书所不言，且将他的妙语转录于下：饭犹舟也，羹犹水也，舟之在滩非水不下，与饭之在喉非汤不下，其势一也。且养生之法，食贵能消，饭得羹而即消，其理易见。故善养生者，吃饭不可无羹；善作家者，吃饭亦不可无羹。宾客而为省馔计者，不可无羹；即宴客而欲其果腹始去，一馔不留者，亦不可无羹。何也？羹能下饭，亦能下馔故也。近来吴越张莜，每馔必注以汤，大得此法。吾谓家常自馔，亦美妙于此。宁可食无馔，不可饭无汤。有汤下饭，即小菜不设，亦可使哺啜如流。无汤下饭，即美味盈前，亦有食不下咽。予以一赤贫之士，而养半百口之家，有饥时而无馑日者，遵是道也。

谈及肉食，虽论列猪、羊、牛、犬，但李渔没有像谈蔬菜时那么津津乐道，他相信"肉食者鄙"的说法，他又有一颗慈悲善心，所以不赞成大吃特吃。不过谈到食鱼食蟹，他又有了许多道理，说来也很深刻。他说：食鱼者首重在鲜，次则及肥，肥而且鲜，鱼之能事毕矣……鱼之至味在鲜，而鲜之至味，又只在初熟离釜之片刻。若先烹以待，是使鱼之至美发泄于空虚无人之境，待客至而再经火气，犹冷饭之复炊，残酒之再熟，有其形而无其质矣。

李渔嗜蟹，以蟹为命，所以写起食蟹的境界，更是生动自然：予于饮食之美，无一物不能言之，且无一物不穷其想象、竭其幽眇而言之。独于蟹螯一物，心能嗜之，口能甘之，无论终身，一日皆不能忘之，至其可嗜可甘与不可忘之故，则绝口不能形容之。此一事一物也者，在我则为饮食中之痴情，在彼则为天地间之怪物矣。予嗜此一生，每岁于蟹之未出

时，即储钱以待，因家人笑予以蟹为命，即自呼其钱为买命钱。自初出之日始，至告竣之日止，未尝虚负一日、缺陷一时。同人知予癖蟹，招者饷者皆于此日，予因呼九月十月为蟹秋。虑其易尽而难继，又命家人涤瓮酿酒，以备糟之醉之之用。糟名蟹糟，酒名蟹酿，瓮名蟹甓。向有一婢，勤于事蟹，即易其名为蟹奴。蟹乎蟹乎，汝与吾之一生，殆相终始者乎？

李渔如此嗜蟹，还有一套食蟹的学问。他说蟹不宜为羹，羹则美质不存；亦不可为脍，脍则真味不存；也不必调以油盐，致使色香味全失。他写道：蟹之鲜而肥、甘而腻，白似玉而黄似金，已造色、香、味之至极，更无一物可以上之。和以他味者，犹之以爝火助日、掬水溢河，冀其有礼裨也，不亦难乎？凡食蟹者，只合全其故体，蒸而熟之，贮以冰盘，列之几上，听客自取自食。剖一匡食一匡，断一螯食一螯，则气与味纤毫不漏。出于蟹之躯壳者，即入于人之口腹，饮食之三昧再有深入于此者哉？凡治他具，皆可人任其劳，我享其逸，独蟹与瓜子菱角三种，必须自任其劳，旋剥旋食则有味。人剥而我食之，不特味同嚼蜡，且似不成其为蟹与瓜子菱角，而别是一物者。此与好

香必须自焚，好茶必须自斟，童仆虽多不能任其力者，同出一理。

在李渔说来，食蟹之炒，妙在不可言传；食蟹之趣，趣在自任其劳。不信饮食之道有深奥学问的人，由李渔说蟹应当能看出些道道来。

◎烧尾、买宴

唐代献食风盛，皇帝大都也乐于接受献食。打了胜仗，文武官要向皇帝献食，如《旧唐书》佚文云："高宗朝文武官献食，贺破高丽。上御玄武门之观德殿，奏九部乐，极欢而罢。"这是总章元年（668年）的事。大臣初迁，也照例向皇帝献食，这种献食还有一个极怪僻的名称，叫

作"烧尾"。宋代钱易《南部新书》说："景龙以来，大臣初拜官者，例许献食，谓之烧尾。开元后，亦有不烧尾者，渐而还止。"新进士揭榜后，凑份子与皇上同宴曲江，也是一种献食，也称为烧尾。明朱国帧《涌幢小品》卷十四说："唐进士宴曲江，曰烧尾；而大臣初拜官，献食天

唐代壁画《献食图》

子，亦曰烧尾。"他称之为"两烧尾"。

中了进士，凑钱在曲江亭宴请皇上，有专主收钱的人。事见载于钱易《南部新书》：

进士春关，宴曲江亭，在五六月间。一春宴会，有何士参者，都主其事。多有欠其宴罚钱者，须待纳足，始肯置宴。盖未过此宴，不得出京，人戏谓何士参索债宴。士参卒，其子汉儒继其父业。

进士出京、大臣初迁，都要献食，都要烧尾，为何称之"烧尾"？有人说，出于鱼跃龙门的典故。传说黄河鲤鱼跳龙门，过去即有云雨随之，天火自其后烧其尾，从而转化为龙。不过，唐人封演所著《封氏闻见录·烧尾》，其意别有所云：

士子初登荣进及迁除，朋僚慰贺，必盛置酒馔音乐，以展欢宴，谓之烧尾。说者谓虎变为人，惟尾不化，须为焚除，乃得为成人。故以初蒙拜受，如虎得为人，本尾犹在，体气既合，方为焚之，故云烧尾。一云新羊入群，乃为诸羊所触，不相亲附，火烧其尾则定。

贞观中（627～649年），太宗尝问朱子奢烧尾事，子奢以烧羊事对之。中宗时，兵部尚书韦嗣立新入三品，户部侍郎赵彦昭假金紫，吏部侍

郎崔湜复旧官，上命烧尾，令于兴庆池设食。

看来，热心于烧尾的皇帝，自己也委实不知这烧尾的来由，一般的大臣只当是给皇帝送礼谢恩，谁还去理会烧的是羊尾、虎尾或是鱼尾呢？

烧尾献食，要献上各种美味馔品。究竟献上的是些什么，我们从宋代陶谷所撰《清异录》中可见其一斑。书中说，唐代韦巨源官拜尚书令（尚书左仆射），照例上献烧层食，以谢隆恩。所献食物的清单保存在他家的旧籍中，这就是著名的"烧尾宴食单"。

食单所列膳品名目繁多，《清异录》仅摘录了其中的"奇异者"也有58种之多。如果加上平常一些的，也许有不下百种之多哩！让我们将这57种烧尾食排列在下面，其丰盛一望可知：

单笼金乳酥——是用独隔通笼蒸成的酥油饼。

曼陀样夹饼——在烤炉上烤成的形如曼陀罗果形的夹饼。

巨胜奴——用酥油、蜜水和面炸成，然后敷上胡麻。巨胜，指黑芝麻。

贵妃红——味重而色红的酥饼。

婆罗门轻高面——用古印度烹法制成的笼蒸饼。

御黄王母饭——浇盖各种肴馔的黄米饭。

七返膏——做成七卷圆花的蒸糕。

金铃炙——做成金铃状的酥油饼。

光明虾炙——油煎鲜虾。

通花软牛肠——用羊骨脂做拌料的牛肉香肠。

生进二十四气馄饨——二十四种花形馅料各异的馄饨。

生进鸭花汤饼——做成鸭花形状的汤饼，为面条一类的水煮面食。

这两款面食只能现吃现煮，所以献食时要"生进"，如果煮熟了送去，就没法吃了，只有请宫廷内厨代为煮熟了。

同心生结脯——将生肉打成同心结样后风干的肉。

见风消——糯米面皮烤熟后当风晾干，食用时以猪油炸成。

冷蟾儿羹——冷食蛤蜊肉羹。

唐安餤——数饼合成的拼花饼。唐安为县名，在今成都附近的崇庆东南，这种饼是那里的地方特产。

金银夹花平截——剔出蟹肉蟹黄卷入面内，再横切开，呈现出黄白色花斑的点心。

火焰盏口脆——上部为火焰形，下部似小盏样的蒸糕。

水晶龙凤糕——红枣点缀的米糕。

双拌方破饼——拼合为方形的双色饼。

玉露团——酥饼。

汉宫棋——双钱形印花的棋子面。

长生粥——未详烹法。献食只进粥料，食时再加热。

天花饆饠——夹心面点。今人有说为"抓饭"的，未作定论。

赐绯含香粽子——蜜淋并染成红色的粽子。

甜雪——以蜜浆淋烤的甜而脆的点心。

八方寒食饼——八角形面饼。

素蒸音声部——全用面蒸成的歌人舞女，如蓬莱仙人飘飘然，共计七十件。音声部，本指唐代宫廷的乐人歌女。

白龙臛——鳜鱼片羹。

金粟平脆——鱼子糕。

凤凰胎——用鱼白（胰脏）蒸成的鸡蛋羹。

羊皮花丝——拌羊肚丝，肚丝切成一尺长。

逡巡酱——鱼肉酱和羊肉酱。

乳酿鱼——乳酪腌制的全鱼，不用切块，整条献上。

丁子香淋脍——淋上丁香油的鱼

脍。

葱醋鸡——鸡腔纳葱醋等佐科，笼蒸而成。

吴兴连带鲊——吴兴原缸随制的鱼鲊，不要开缸，整缸献上。

西江料——粉蒸猪肉沫。西江为地名。

红羊枝杖——可能即烤全羊。

升平炙——羊舌、鹿舌烤熟拌合一处，定三百舌为限。

八仙盘——剔骨鹅，共八只。

雪婴儿——青蛙剥净，裹上精豆粉，白如雪，形似婴。

仙人脔——乳汁奶鸡块。

小天酥——鸡肉和鹿肉拌米粉油煎而成。

分装蒸腊熊——蒸熊肉干。

卵羹——兔羹。

清凉臛碎——狸猫肉凉羹。

箸头春——切成筷子头大小的油煎鹌鹑肉。

暖寒花酿驴蒸——烂蒸糟驴肉。

水炼犊——清烷幼牛肉。

格食——羊肉、羊肠拌豆粉煎烤而成。

过门香——薄切各种原料入沸油急炸而成。

红罗钉——网油煎血块。

缠花云梦肉——云梦肘花，将随好的肘肉卷缠好煮熟，切片凉食。

遍地锦装鳖——用羊脂和鸭蛋清炖甲鱼。

蕃体间缕宝相肝——装成宝相花形的冷肝拼盘，拼堆七层为限。

汤浴绣丸——浇汁大肉丸，即今之"狮子头"。

这些美味，真是五花八门，其中很多如果不加注释，单看名称，我们很难弄清楚究竟是些什么样的馔品。这里包纳有20种面食点心，品种十分丰富。点心实物在新疆吐鲁番阿斯塔拉唐墓中有出土，馄饨、饺子、花色点心至今还保存相当完好，实在难得。阿斯塔拉还出土了一些表现面食制作过程的女俑，塑造得十分生动。韦巨源所献馔品究竟味道有多美，只能是推而想之，我们今天是无法品尝到了。

一口气进献这么多的精美食物，如果是一般的富贵之家，难免有倾家荡产之虞。然而对大官僚来说，这是一个讨好皇帝的绝妙手段，也是一本万利的美事，那又何乐而不为呢？

当然，有时也有例外，苏瑰就对献食天子的"烧尾"事不感兴趣。苏瑰累拜尚书右仆射同中书门下三品，进封许国公，照常规应当"烧尾"，但他却不动声色。有一次赶上赴御宴，有些大臣拿苏瑰的行为取笑，中宗李显心里老大不高兴，一声不吭。

味无味

餐桌上的历史风景

唐代金银平脱盘（河北宽城）

北宋三彩鱼瓶

苏瑰不慌不忙地向中宗解释说："现在正遇上大饥之年，粮价飞涨，百姓衣食不足，禁中卫兵有时连着三天吃不上一顿饭。这都是为臣的失职，所以不敢在这当口烧尾。"话里有话，显然是在用自己不烧尾的行为，劝谏皇上体恤民情，不要靡费。

拜得高官者，要给皇上"烧尾"，没有机会做官的皇室公主们，也仿效烧尾的模式，寻找机会给皇上献食，以求取恩宠。为了适应这烧尾献食的风潮，唐玄宗时还专有官员负责接受献食的事务，美其官名曰"检校进食使"。《明皇杂录》说：天宝中（742～756年），诸公主相效进食，上命中官袁思艺为检校进食使。水陆珍馐数千盘之费，盖中人十家之产。中书舍人窦华尝因退朝，遇公主进食方列于通衢，乃传呵按辔行于其间。宫苑小儿数百人奋挺而前，华仅以身免。

数千盘水陆珍馐，一一排列在大街通衢，这办法按现代饮食卫生观点看并不那么高妙，但当时非如此不能有那种气势，不能显示出那种排场。至于到时候皇上究竟能吃几口，那是用不着考虑的，只要皇上能领情也就够了。看样子，唐玄宗时烧尾风极盛，这在有唐一朝恐怕是绝无仅有的。

就是这个唐明皇，尽管他自己是如此之奢侈，却还要装扮成一个节俭君王。有一次他坐在步辇上，看见一个卫士食毕后将剩下的饼饵扔到水沟里，于是怒从心起，命高力士用乱棒将这卫士杖死。还是旁人从中劝阻，说"陛下志在勤俭爱物，恶弃于地，奈何性命至重，反轻于残餐乎？"这话使玄宗"蹶然大悟"，当时就赦免了那个卫士。

唐代以后，献食与烧尾的名称没有了，但有资格宴请皇上的臣子，只要有机会，还是要向皇上发邀请的。或单独，或合伙，都可设宴招待皇上。五代时，大臣聚资请皇上，称之为"买宴"。《册府元龟》说：

（后汉）乾祐三年（950年）三月甲寅，入朝侯伯高行周以下，以皇帝初举乐，献银缣千计，请开御宴，谓之"买宴"。

（后唐）天成二年（927年）三月壬子朔，幸会节园。宰相、枢密使及节度使在京者，共进钱绢请宴。

清泰二年（935年）三月辛酉，宰臣、学士、皇子、枢密使、宣徽使、侍卫、马步都指挥使共进钱五十万、绢五百匹请开宴。六月乙卯，镇州董温其献绢千匹、银五百两、金酒器，供御马，请开宴。

如此的买宴，改献食为献钱，与唐代"烧尾"的用意相差不多。五代的买宴一般与大臣初迁和士子登科没有什么关系，臣子们觉得皇上高兴了，或者觉得该让皇上高兴了，都可以合伙献钱买宴。

◎古代朝官的免费午餐

古代百官每日入朝，按现在的说法叫上班。早朝时间很早，很多人难免要饿肚子。明代陈继儒《辟寒》说，唐代有个叫刘晏的，一早入朝，当时天寒，中途见卖蒸饼的店子热气腾腾，就叫人买了几个热饼，用袍袖包起来带在身上，得空吃上几口，还对他的同僚说味道美不可言。刘晏官至宰相，不知此事是否发生在当宰相之时。

宋代还有怀揣羊肉去上朝的故事，见《萍州可谈》卷一，说是早朝前，官员们集聚在禁门外等待上朝时，以烛笼相围绕聚首，谓之"火城"。当宰相的最后到，宰相到时火烛就灭了。高级官员有专门的等待地点，谓之"待漏院"，并不与其他官员同处火城，他们每位有翰林供给的酒果，酒味绝佳，但果实都没法吃，可能是存放过久了。官员在寒冬清晨等待上朝时，还有羊肉和酒享用。但羊肉已冻结得咬不动了，有人就用

汉画《祭祀宴饮图》

布囊揣在腰间，待体温将肉暖开了再吃。

史籍中还有记载说，有些朝代对高级官员每日要供应饮食，可以称为"工作午餐"，这实际是一种奖励，有时会相当丰盛，规格很高。唐代就实行过这种高规格的工作午餐制度，享用者是宰相一级的高级官员。这午餐有时过于丰盛，丰盛到宰臣们不忍心动筷子的地步。太宗时的张文瓘，官拜侍中，累官黄门侍郎，这官位与宰相已相差不多，他和其他宰臣一样，每天都能在宫中享用到一餐美味。与张文瓘同班的几位宰臣，见宫内提供的膳食过于丰盛，提出稍稍减一些。张却坚决不同意，而且认为是理所当得，他振振有词："这顿饭是天子用于招待贤才的，如果我们自己不能胜任这样的高位，可以自动辞职，而不应当提出这种减膳的主意，以此来邀取美名。"这么一说，旁人

还能再说些什么呢？一项邀名的帽子扣下来，众人减膳的提议不得不作罢。

无独有偶，唐代宗时有一位"以清俭自贤"的宰相常衮，看到内厨每天为宰相准备的食物太多，一顿的馔品可供十几人食用，几位宰相肚皮再大也不可能吃完，于是他请求减膳，甚至还准备建议免去这供膳的特殊待遇。结果呢，还是无济于事，别人说这样的待遇是优厚贤士的需要。如果你的德能不够，你就辞职好了，不该辞掉你应得的禄食。这说法与张文瓘的一模一样，意思是咱们到了这个位子上，就该心安理得地饱饱吃下这一顿饭。你若是要推辞，反倒被认为是一种不正常的举动了。

唐代称这工作午餐为"堂馔"，以后又称为"廊餐"，要论这制度的起源，最早可追溯到东周时代。《国语·楚语下》说：楚成王听说子文上

朝待不到傍晚就乏了，于是每天都准备了肉干和果品招待子文。子文官至令尹，相当于后来的宰相。楚成王每天都为他预备点熟肉干粮，好让他吃了打起精神办公。从此以后，这就成了一项制度，后来的宰相也就都有了这一种权利。但发展到唐代那样，当初楚成王大概是没有料想到的。

唐代以后，廊餐的范围明显扩大了，这权利不仅仅只是属于宰相们的了，文武百官都有廊餐的待遇。明代的廊餐，规模也很可观，在朱国帧的《涌幢小品》卷一有比较详细的记述。明太祖每天早上听大臣奏事完毕，要赐百官饮食。由光禄寺进膳案，按照顺序设馔。食毕百官拜谢，叩头而退。这场面弄得很大，没几年工夫，朝廷感觉财力支持不下去了，

唐代壁画《侍女图》

不得不废止了文武百官的廊餐。

别看堂馔廊餐是那么精致，但也有不屑一顾的人。《晋书·何曾传》说，何曾奢华过度，家厨滋味胜过了帝王。每每皇上设宴，他都不动太官所办的御筵食物，皇帝只得让他取自己带来的食物吃。他赴御筵，常常是连筷子都不动一下，原来他从家里带来了更美的佳肴。

带着佳肴赴御筵和廊餐，历史上这例子虽不太多，但远非绝无仅有。据《旧五代史·汉臣传》说，苏逢吉高居相位之后，生活一天天奢侈起来，他说朝中的堂馔根本就不能吃，于是命家厨送饭到朝中，一天比一天讲究。类似例子还可举出一个，明代赵善政《宾退录》卷四说：夏言在第二次当宰相时，每当在朝中用餐时，从不食太官供给的御膳，而是自携丰盛的酒肴，连食器用具也都是巧丽非常。

◎ 岁时饮食：口腹之欲的人文情怀

平日饮食，多是为了口腹之需，而岁时所用，则又多了一层精神享受。历史上逐渐丰富起来的风味食品，往往都与岁时节令紧密相关。饮食与节令之间，本来就有一条密切联系的纽带。各种食物的收获都有很强的季节性，收获季节一般就是最佳的享用季节，这就是现在所谓的时令食品。古代受阴阳五行学说的影响，人们把食物的组配和季节的更替作了一些貌似合理的规定，如《礼记·月令》所说的，孟春之月，天子食麦与羊；孟夏之月，天子食菽与鸡；孟秋之月，天子食麻与犬；孟冬之月，天子食黍与彘。这些食物尽管与季节可以拉上一定的联系，却不能算是真正的节令食品。

各种各样的岁时佳肴，几乎都有自己特定的来源，与一定的历史与文化事件相联系。到了今天，有一些岁时佳肴早已被淡忘，然而更多的却一代一代传了下来，风靡了中华大地，甚至飘香到异国他域。

南朝梁人宗懔所撰《荆楚岁时记》，较为完备地叙述了南方地区的节令饮食，汉代至南北朝时期的节令饮食风俗几可一览无余。

自古即重年节，最重为春节。春节古称元旦，又称元日，所谓"三元之日"，即岁之元、时之元、月之元。西汉时确定正月为岁首，正月初一日为新年，相沿至今。新年前一

宋代壁画《夫妇宴饮图》

日是大年三十，即除夕，这旧年的最后一天，人们要守岁通宵，成了与新年相关的一个十分重要的日子。《荆楚岁时记》说，在除夕之夜，家家户户备办美味肴馔，全家在一起开怀畅饮，迎接新年的到来。还要留出一些守岁吃的年饭，待到新年正月十二日，撒到街旁路边，寓送旧纳新之意。正月初一，鸡鸣时就得起床，在堂阶前爆响竹筒，用于避鬼。现在的烟花鞭炮，正是由此变化而来。到天亮时，全家老小都要穿戴整齐，依次祭奠祖神，互贺新春。这一日要饮椒柏酒、桃汤水和屠苏酒，下五辛菜，每人还要吃一个鸡蛋。饮酒时的顺序与平日不同，要从年龄小的开始，而平日则是老者长者先饮第一杯。

新年所用的这几种特别饮食，并不是为了品味，主要是为祛病驱邪。古时以椒、柏为仙药，以为吃了令人身轻耐老。魏人成公绥所作《椒华铭》说："肇惟岁首，月正元日。厥味惟珍，蠲除百疾。"讲的也是这个道理。桃木古以为五行之精，能镇压邪气，制服百鬼。桃汤当指用桃木煮的水，用于驱鬼。晋人周处的《风土记》说："元日造五辛盘，正元日五熏炼形。"五辛指韭、薤、蒜、芸苔、胡荽五种辛辣调味品，可以顺通五脏之气。新年吃五辛，可见完全出于保健的愿望。至于吃鸡蛋，据晋人葛洪所说，为的是避瘟疫之气。宗懔在他的书中还说，梁时有一条正月初一不许吃荤的规定，荆楚之地因此不复食鸡蛋。初一不吃鸡蛋，可能与这一日为"鸡日"有关。古代以正月一日为鸡日，二日为狗日，三日为猪日，四日为羊日，五日为牛日，六日为马日，七日为人日，所以习惯上一日不杀鸡，二日不杀狗，三日四日不

巧果

月饼

火锅

杀猪羊，五日六日不杀牛马，七日不行刑。一日既然不杀鸡，鸡蛋也就吃不得了。

到了正月七日，即是人日，需以七种菜为羹，照样无荤食。北方人此日要吃饼，而且须是在庭院中煎的饼。

正月十五日，熬好豆粥，滴上脂膏，用以祭祀门户。先用杨枝插在门楣上，随枝条摆动所指方向，用酒肉和插有筷子的豆粥祭祀，这是为了祈福全家。

从正月初一到三十日，青年人时常带着酒食郊游，一起泛舟水上，临水宴饮为乐。男男女女都要象征性地洗洗自己的衣裳，还要洒酒岸边，用来解除灾厄。

立春后的第五个戊日，为春社之日。这一天乡邻们都带着酒肉聚会在一起，在社树下搭起高棚，祭祀土地神。末了，人们共同分享祭神用的酒肉。本来这些酒肉是人们用于祭神的，祭罢又说成是神赐予人的，吃了它便能福禄永随了。

冬至节过后一百五日，为寒食

节,大约在清明节前一二日。相传寒食节起因于晋文公悼念介子推被焚。晋文公即位前在外流亡十九年,介子推相随始终,并曾割股肉给文公充饥。文公复国,论功行赏,而忘却了共患难的介子推。于是,介子推背着老母亲,隐居到绵山深谷。文公去绵山寻求,介子推坚持不出。文公令人放火烧山,子推抱木而死。晋人哀怜子推,于是寒食一月,不举火为炊,以悼念这位志士。到了汉代,因老弱不堪一月的寒食,于是改为三日不举火。曹操还曾下过废止寒食的命令,终不能禁断。寒食所食主要为杏仁粥及醴酪。

寒食一过,就是春光明媚的二月三日清明节。这一日人们带上酒具,到江渚池沼间作曲水流杯之饮。在上流放入酒杯,任其顺流而下,浮至人前,即取而饮之。这样做不仅是为了尽兴,古时还以为流杯宴饮可除去不祥。这一日还要吃掺和鼠麹草的蜜饼团,用以预防春季流行病。

五月五日,是南方初夏一个很重要的节日。传说这一日是楚国诗人屈原投江的丧日,重要的食品是粽子。粽子古时按其形状称为"角黍",用粽叶包上糯米煮成,或以新竹截筒盛米为粽,并以五彩丝系上粽叶,投进江中,以祭奠屈原。当然这个节日是否与屈原有关,还有些不同的看法,但无关宏旨。到宋朝时,政府出面追封屈原为忠烈公,将农历五月五日定为端午节,传谕全国纪念屈原。现在流行的芦叶粽子,是明代弘治年间才兴起的,时间不算太久。

六月炎夏,兴食汤饼。汤饼指的是热汤面,意在以热攻毒,取大汗除暑气,亦为祛恶。

九月九日为重阳节,正值秋高气爽,人们争相出外郊游,野炊宴饮。富人或宴于台榭,平民则登高饮酒。这一日的食品和饮料少不了饼饵和菊花酒,传能令人长寿。陶渊明把重阳看作最快乐的一天,所谓"引吟载酒,须尽一生之兴。"他还有诗曰:"菊花知我心,九月九日开;客人知我意,重阳一同来。"饮酒赏菊,确为一大乐趣。

十月一日,要吃黍子羹,北方人则吃麻羹豆饮,为的是"始熟尝新"。尝新即尝鲜,早已成俗,泛指享用应时的农产品。

到了冬月,采摘芜菁、冬葵等杂菜晾干,腌为咸菜酸菜。腌得好的,呈金钗之色,十分好看。南方人还用糯米粉、胡麻汁调入菜中泡制,用石块榨成,这样的咸菜既甜且脆,汁也酸美无比,常用作醒酒的良方。

腊月八日,称为腊日。这个节日

除了举行驱鬼的仪式，还要以酒肉祭灶神，送灶王爷上天。祭灶由老妇人主持，以瓶做酒杯，用盆盛馔品。又说佛祖释迦牟尼是这一天成佛的，佛教徒此日要煮粥敬佛，这就是"腊八粥"。后来祭灶活动改在十二月二十四日，与腊日不相干了。

还有一个重要的节日——中秋节，在《荆楚岁时记》里不曾提到，或许这部分内容已残佚不存，不可查考。中秋是一个食月饼庆团圆的有家庭色彩的节日，据说是从先秦的拜月活动发展而来，魏晋时便已有中秋赏月的习俗，可能还没有成为普遍的风尚。

以上这些古老的节日及其饮食，作为民族传统几乎都流传了下来。尽管不少节日的形成都经历了长久的岁月，很多在南北朝时期之前便已成风尚，但南北朝却是一个集大成的时代，不仅这些节日形成了比较完善的体系，而且本来一些带有强烈地方色彩的节日也被其他地区所接受，南北的界限渐渐消失。如本出北方的寒食和南方的端午，也成为全国性的节日。

◎ 羞、鲜、羹、美说食羊

羊，与人类一同走过历史。羊用它的皮毛给人类带来温暖，用它的身躯给人类带来美味，还用它的象征给人类带来精神抚慰。我曾在一年之内，去了新疆，穿塔里木攀昆仑；去了内蒙古，走满洲里游呼伦贝尔；去了青海，过日月山再上昆仑；去了山西，访忻州登雁门关。这一次次的远行，次次都有羊的陪行，是它给我滋养，给我力量。如果算上往年在雪域西藏的经历，那手抓羊肉我可以说是吃遍了大半个中国。

今天我们在涮在烤，在焖在炒，是古法依旧还是花样翻新？我想看看，不知羊努力喂壮自己后在历史上是怎样奉献着自己，也想看看古人如何将吉祥写上眉梢之时，又将这美好的象征变作美味抬上了餐桌。

九鼎珍羞

羊的驯化在史前时代后期即已完成，龙山时代人们的膳食中就有了家羊烹调的美味，包括山羊和绵羊。到了文明时代，羊是贵族阶层最平常的肉食，他们在祭仪中也广泛用羊作牺牲。甲骨文中的"羞"字，是个会意

商代四羊铜尊局部（湖南宁乡）

商代双羊尊

兼形声字，形如以手持羊表示进献之意。这个字后来用于代言美味的馔品，我们就有了羞膳、羞味、羞服、羞脍和羞鼎这些词汇。这个羞后来加了偏旁就变成了馐，今简化为馐。如今就成了一个指称食物的专用字了。

说到羞鼎，我们自然会想到象征周代贵族等级的九鼎之制。当时用鼎有着一套严格的制度，据《仪礼》和《礼记》的记载及大量的考古发现，这种象征大致可分别为一鼎、三鼎、五鼎、七鼎、九鼎五等。《周礼·宰夫》说："王日一举，鼎十有二。"注家以为十二鼎实为九鼎，其余为三个陪鼎。九鼎为天子所用，东周时国君宴卿大夫，有时也用九鼎。周代天子的饮食分饭、饮、膳、馐、珍、酱六大类，据《周礼·天官·膳夫》所说，王之膳用马、牛、羊、豕、犬、鸡六牲，其中羊膳有羊炙和羊截等，放置在豆中。

代表周代烹饪水平发展高度的是所谓"八珍"的烹调，八珍中有三珍要用到羊肉，可见周人对羊的喜好程度是很高的。《礼记·内则》记录了八珍的具体烹法，其中炮豚、炮羊采用了不止一种烹饪技法。做法是将整只的小猪小羊宰杀料理完毕，在腹中塞上枣果，用苇子等将猪羊包好，外面再涂上一层草拌泥，然后放在猛火中烧烤，此即为"炮"。待外面的黏泥烤干，除掉泥壳苇草，接着用调好的稻米粉糊涂遍猪羊全身即放入油锅煎煮。最后将切块的猪羊及香脯等调料都盛在较小的鼎内，将小鼎放入大汤锅中连续烧煮三日三夜。食用时，还要另调五味。实际上这全猪全羊的烹制经过了炮、煎、蒸三个程序，集中了中国古代烹调术之精华。《礼记·内则》还记有糁食制作方法，是取牛、羊、豕等量，切成小块，再用多一倍的米粉拌为饼后煎成，这是美味肉排。

西汉《贮贝器牧羊图》
（云南石寨山）

亡国的羊肉羹

东周时北方有羊羹羊炙，南方楚人也爱食羊，楚有美味炮羔。屈原在《招魂》中开列的美食有炖得烂熟的肥牛蹄筋，有清炖甲鱼、全烤羔羊，有醋熘天鹅、红烧野鸭、煎炸大雁肉，还有卤子鸡和红烧大龟等。

羊肉的诱惑力，在东周时代是非常大的，从下面的故事中我们可以充分领略到这一点。据《左传·宣公二年》所述，郑国公子归生受命于楚，前往攻打宋国，宋国华元带兵迎战。开战之前为鼓舞士气，华元杀羊慰劳将士，结果忘了给自己的御手羊斟吃肉。开战后羊斟生气地说："前日里给谁吃羊肉由你华元说了算，今日这胜负之事可得由我说了算！"于是驾着华元所乘的战车直入郑国军阵，转瞬间宋师没了统帅，遭到了惨败。就这样，一碗羊肉就决定了一场战事的胜负。后人还将此事镌在汤匙上，正所谓"羊羹不遍，驷马长驱"。

华元败阵是羊儿惹的祸。败阵与亡国，其实并不关羊什么事，但至少是一个由头，由此我们知道不仅美人能惹出大事件来，美味也会引发出大事件来。

羊酒馈赏

羊肉与酒，是古时赏赐馈赠的常品。在两汉书和《三国志》中，不时都能读到"羊酒"，如对老臣病臣，有"常以岁八月致羊酒"、"遣主簿奉书致羊酒之礼"、"岁以羊酒养病"、"使出就太医养疾，月致羊酒"等；如犒师劳军，有"奉羊酒，劳遗其师"等。当然馈赏之礼，羊酒之外也有牛酒之属，如"赐牛酒"、"百姓争致牛酒"等。

还有一个关于羊酒的故事，《史记》和《汉书》多次提到。说的是汉高祖刘邦与卢绾是同乡同里，两人同日出生，于是乡亲们"持羊酒贺两家"。后来这两人长大在一起念书，相互又非常友爱，于是乡亲们"复贺两家羊酒"，一时间传为佳话。

又据《后汉书》记汉时风俗，在朔日前后两天"皆牵羊酒至社下祭日"。当然祭日用过的羊酒，人们最后还是要纳入自己腹中的。

汉代富贵人的生活中，是离不了羊酒的，至少北方人是如此。君臣相待，朋友往来，都有"羊酒之礼"。我们在讲究的汉墓中也发现过有关"羊酒"的壁画。河北望都的一座汉墓中，在前室两壁就绘有羊酒的图形，一只黑漆酒壶，一头肥硕的绵羊，这画面表现的一定是以羊酒祭奠墓主人了。当然南人也养羊食羊，在云南晋宁石寨山出土的汉代贮贝器上，就有牧羊者和羊群的图像。

汉以后羊酒之礼并未废止，读东坡诗就有"何时花月夜，羊酒谢不敏"这样的句子。在《水浒传》和《红楼梦》里也能读到羊酒，还有"折羊酒的银子"。

鱼羊为鲜

汉字中的"鲜"字，是一个会意字，基本意义指的是鲜鱼。习惯上又用来指称美味食物，字从鱼从羊，鱼表类属，羊表味美。古人以鱼羊为鲜，所以在汉代画像石上，能看到摆着全鱼与羊头的食案图形，应当是"鲜"字最形象的解释。

汉时所传《古歌》说："东厨具肴膳，樵中烹猪羊。主人前进酒，弹瑟为清商"，这是汉代人嗜羊的文献证据。我们在画像石上看到一些剐羊图景，作为六畜之一的羊在汉代也是筵宴上的佳品，这是商周时代遗下的传统。画像石上反复看到一些烤肉串的场景，可以想象那一定烤的是羊肉串，所用的设备与现在新疆地区的几乎一样，让我们难以确定烤肉串的吃法是从中原传过去的，还是由西域传进来的。

我们又从长沙马王堆汉墓出土遣册中，读到了许多羊膳名称。其中记羹二十四鼎，羹有五种，即大羹、白羹、巾羹、逢羹、苦羹。大羹为不调味的淡羹，原料分别为牛、羊、豕、狗、鹿、凫、雉、鸡等。逢羹可能指用麦饭调和的肉羹，古时将煮麦名为"逢"。逢羹主料为牛、羊、豕。古时羹食在膳食中占有很重要的比重，羹字从羔，从美，也许是觉得用羊羔肉煮出的羊羹味道最为鲜美，所以也成就了这羹字。

马王堆遣册还记有脯腊五笥，有牛脯、鹿脯、胃脯、羊腊、兔腊。又有脍四品，原料为牛、羊、鹿、鱼。另有火腿八种，分别用牛、犬、羊、豕的前后腿制作。汉时南人依然爱羊，于此见到明证。

羌煮貊炙胡炮肉

在汉代时，上自帝王，下至市民，有一阵子非常喜爱胡食。胡食就是古代少数民族的饮食，胡食中的肉食，首推"羌煮貊炙"，具有一套独特的烹饪方法。羌和貊代指古代西北的少数民族，煮和炙指的是具体的烹调技法。羌煮就是煮鹿头肉，要蘸肉汤吃。貊炙为烤全羊，在地炉中烤熟，吃时各人用刀切割，原本是游牧民族惯常的吃法。

在胡食的肉食中，还有一种"胡炮肉"，烹法也极别致。用一岁的嫩肥羊，宰杀后立即切成薄片，将羊板油也切细，加上豆豉、盐、碎葱白、生姜、花椒、荜拨、胡椒调味。将羊肚洗净翻过，把切好的肉、油灌进羊肚缝好。在地上掘一个坑，用火烧热后除掉灰与火，将羊肚放入热坑内，再盖上炭火。在上面继续烧火，只需一顿饭工夫就熟了，香美异常。此外还有一种"胡羹"，为羊肉煮的汁，因以葱头、胡荽、安石榴汁调味，故有其名。

羌煮貊炙、胡炮肉，所采用的烹法实际是古代少数民族在缺少应有的炊器时不得已所为，从中可以看到史前原始烹饪术的影子。这种从蒙昧时代遗留下来的文化传统，反而为高度发达的文明社会所欣羡、所追求，也真是文化史上的一种怪事。

上述羌煮貊炙等胡食的烹饪方法完整地记录在北魏贾思勰的《齐民要

汉画《鱼羊图》

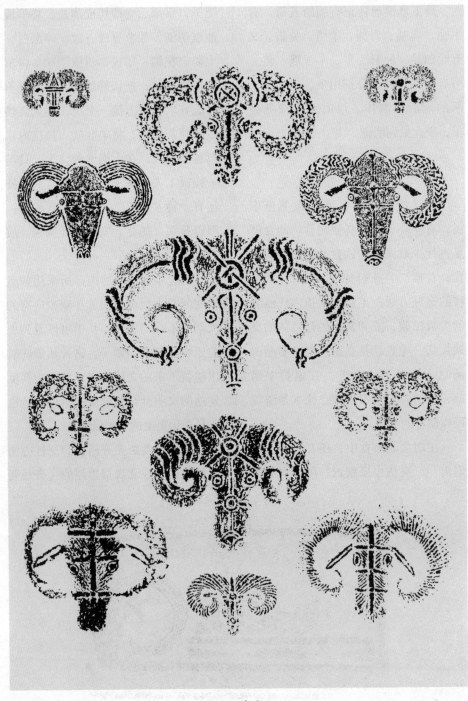

汉画羊首

术》一书中。《齐民要术》还记有其他用羊肉蹄肠肚肝烹出的多款名馔，如有羊蹄臛、蒸羊、跳丸炙及鳖臛等。鳖臛的制法是，先把鳖放进沸水内煮一下，剥去甲壳和内脏，用羊肉一斤、葱三升、豉五合、粳米半合、姜五两、木兰一寸、酒二升煮鳖，然后以盐、醋调味。不用说，这是一款大补的药膳。跳丸炙实是猪羊肉合做的肉丸，放在肉汤中煮成。

烧尾羊肴

宋代陶谷所撰《清异录》说，唐中宗时韦巨源拜尚书令（尚书左仆射），照常例升迁后要上烧尾食，他上奉中宗食物的清单保存在传家的旧书中，这就是有名的《烧尾宴食单》。食单所列名目繁多，《清异录》仅摘录了其中的一些"奇异者"，共58款，其中就有羊馔若干款。如通花软牛肠，是用羊骨髓做拌料做的牛肉香肠；羊皮花丝，为拌羊肚丝，肚条切成一尺上下；逡巡酱，为鱼肉羊肉酱；红羊枝杖，可能指烤全羊；升平炙，为羊舌、鹿舌烤熟后拌和一起，有三百舌之多；五生盘，是羊、猪、牛、熊、鹿五种肉拼成的花色冷盘；格食，用羊肉、羊肠拌豆粉煎烤而成；遍地锦装鳖，是用羊脂和鸭蛋清炖的甲鱼。这说明唐皇也是

极爱羊膳的，不然烧尾食中就不会有这么多的花样。

唐代人食羊，还有一些新奇的办法。如有一人姓熊名翻，每在大宴宾客时，酒饮到一半，便在阶前当场收拾一羊，让客人自己执刀割下最爱吃的一块肉，各用彩绵系为记号，再放到甑中去蒸。蒸熟后各人认取，用竹刀切食。这种吃法称为"过厅羊"，盛行一时。

许多文人也爱食羊，而且还将用膳的情景写入自己的诗文中。他们还特别喜欢往胡人酒店中食羊，如贺朝《赠酒店胡姬》诗云："胡姬春酒店，管弦夜锵锵……玉盘初脍鲤，金鼎正烹羊。"听着胡音，吃着手抓羊肉，彻夜地快乐着。我们熟识的李白一曲千古绝唱《将进酒》："人生得意须尽欢，莫使金樽空对月……烹羊宰牛且为乐，会须一饮三百杯。"诗人虽是行乐羊酒，实际上心灵深处回荡的是一曲痛苦的悲歌。

羊大则美

美，金文字形从羊，从大，人们想象古时以羊为美食，肥壮的羊吃起来味道很美，于是成就了这个美字。《说文》释"美"曰："甘也，从羊从大。羊在六畜，主给膳也，美与善同义。"宋人徐铉作注，直言"羊大

则美"。王安石曾作《字说》,解美字亦说"羊大为美"。清人段玉裁注也从此说,云羊大则肥美。

羊大则美,在汉代时还没有这个说法,而宋人这么说,恐怕与当时嗜好食羊有关。据《武林旧事》卷九所记,在绍兴二十一年(1151年)十月,宋高宗亲临"安民靖难功臣"府第,接受张俊进奉的御筵,以示宠爱之至。张府专为高宗准备的果食馔品多达一百多款,馔品中有羊舌签、片羊头、烧羊头、羊舌托胎羹、铺羊粉饭、烧羊肉、斩羊等,比较注重羊肉,证实羊肉在宋代肉食中占有举足轻重的地位,尤其是所谓"北食",更是以羊肉为主。

《后山谈丛》说"御厨不登彘肉",只用羊肉,这是宋代皇宫内的规矩。宰相吕大防曾对宋哲宗赵煦说:"饮食不贵异味,御厨止用羊肉,此皆祖宗家法所以致太平者。"皇帝只能吃羊肉,还是祖宗的家法,那是不能违拗的。宋仁宗赵祯时,宫中食羊数量惊人,以至一日宰杀380只,一年需用10万余只,这些羊多数是由陕西等地运到京的。仁宗死后,为他办丧事时竟将京师存羊捕尽了。

南宋时临安的食羊多来自两浙等地,由船只装运到都中。皇上赐宴以羊肉为大菜,臣下进筵给皇上自然也

是如此,羊肉成了官场的主菜。宰官的俸禄中有"食料羊"一项,是特别的赐物。御厨每年都有办理赏赐群臣烤羊的事务,算得是宋代的独创。在尚书省所属的膳部,下设"牛羊司",掌管饲养羔羊等,以备御膳之用。在神宗十年,御厨共支用羊肉10多万公斤,猪肉仅有2000多公斤,比率为50∶1。

一般的士庶贫寒人等,羊肉自然不会是常享之物,只年节时偶尔满足一下口福。有一寒士韩宗儒,尽管清贫如洗,却又十分贪食,于是便将苏轼给他的书信,拿去给酷爱东坡真迹的殿帅姚麟换羊肉吃,黄庭坚便因此戏称东坡书为"换羊书"。又见《老学庵笔记》卷八说,南宋人崇尚苏氏文章,研读精熟,作得妙文,就可中进士得官,于是乎流行这样一句谚语,叫作"苏文熟,吃羊肉;苏文生,吃菜羹"。吃羊肉在那时成了做官的代名词。

为了满足市民们的口腹之欲,宋代时的酒肆食店也竞相推出羊膳。据《西湖老人繁胜录》说,临安每逢清明节,食店供游人们选用的肉食馔品是以羊及禽类为主,很少用猪肉。其中羊肉品类有羊头鼋鱼、剪羊事件、鼎煮羊、盏蒸羊、羊炙焦、羊血粉、羊泡饭、美醋羊血、蒸软羊、羊四

软、酒蒸羊、绣吹羊、五味杏酪羊、千里羊、羊蹄笋、细抹羊生脍、豉汁羊撺粉、细点羊头、大片羊粉、五辣醋羊、糟羊蹄、灌肺羊、羊脂韭饼、羊肉馒头、批切羊头、羊腰子、乳炊羊、炖羊、闹厅羊、入炉羊、软羊面等。

清真羊馔

元代时蒙古族入主中原，元大都成为世界著名的大都会。居住在大都的有蒙古人、色目人、汉人和南人，色目人包括蒙古以外的西北各族、西域以至欧洲各族人，他们带来了草原风味和西域风味。元大都的饮食是以北方风味为主，也吸收南方风味，还融合了许多蒙古族食品和西域回族食品。

蒙古族自古以畜牧和狩猎为生，是北方草原上的"马背民族"。他们的饮食以肉奶制品为主，烹调方法多采用烤、煮、烧，名肴有烤全羊、烤羊腿、手把羊肉、蒙古馅饼、奶豆腐等。在成吉思汗时代，由于远征需要而推行了一种快速熟肉法，即随地挖坑烧烤，称为"锄烧"。此外还有铁板烧，也都是与成吉思汗有关的具有特色的蒙古族烹调方法。从1219年成吉思汗西征，到1258年旭烈兀攻陷巴格达，先后征服了葱岭以西，黑海以东信仰伊斯兰教的各民族，大批中亚各族人，波斯人和阿拉伯人，迁徙到东方来。这些人都被元代称作回回，被列为所谓的"色目人"的一种。阿拉伯和波斯人的先世，不吃猪肉，特别喜吃羊肉。他们的东迁，在带来伊斯兰教的同时，也带来了回回食品，这就是我们现在所说的清真菜。"回

三国时期的青瓷羊尊

回食品"在元大都的流行，可以由元代饮膳太医忽思慧的《饮膳正要》看到。《饮膳正要》94款聚珍异馔中，有73款与食羊有关，主要有羊皮面、炙羊心、炙羊腰、攒羊头等。

明代万历年间的太监刘若愚，因受牵连遭到囚禁，他为了给自己辩护，写成《酌中志》一书。书中有"饮食好尚"一节，叙述了深宫内岁时饮食风尚，内中提到许多以羊肉烹制的清真食品。如元宵所食珍味中，有冷片羊尾、爆炒羊肚、羊双肠、羊肉包子、乳饼、奶皮、烩羊头等。十月初四日要吃羊肉、爆炒羊肚乳饼、奶皮、奶窝。冬月兴吃炙羊肉、羊肉包。腊月初一开始，家家吃烩羊头、爆炒羊肚。

清真菜烹调方法，早先以炮、烤、涮为主，后来大量吸收汉族风味菜点的烹调技法，如涮羊肉就采用汉族涮锅子的方法，成为北方清真菜的代表。北京的清真馆东来顺，就以涮羊肉著称。清真菜为了去掉羊肉膻味，用葱、蒜、糖、醋、酱等调料调味，取得了很好的效果。清真菜烹制羊肉最为擅长，全羊席脍炙人口。风味羊馔有烧羊肉、蒜爆羊肉、扒羊肉条、扒海参羊肉、水晶羊头、涮羊肉、烤羊肉片、五香酱羊肉、酥羊肉、麻条羊尾、炸羊尾、烩口蘑羊眼、黄焖羊肉、水爆肚等。

古人爱羊，除却上面所说的例证，于"羊头狗肉"、"羊头马脯"这样的俗语中，也是可以领略到的。今人爱羊，在很大程度上自然是与古人给我们的示例有关，羊给我们的滋养与愉悦，看来还会继续，羊还会同我们一起走向未来的历史。

◎孔子饮食观

我们知道，孔子反对在饮食上过于铺张，但从另一方面讲，他的饮食生活也确有讲究之处，只要条件允许，他还是不赞成太草率太随便的。饮食注重礼仪礼教，讲究艺术和卫生，成为孔子行为的重要准则之一。归纳起来，孔子的饮食教条大约有以下这些。

"斋必变食，居必迁坐。"平日三顿饭一般早晨吃新鲜饭，中晚餐则是温剩饭。斋戒之日则要变更常规，每顿都吃新鲜的。也有的人解释"变食"为不饮酒、不食鱼肉。

"食不厌精，脍不厌细。"要求

饭菜做得越精细越好，并不指一味追求美食。

"食饐而餲，鱼馁而肉败，不食。"不吃腐败变质的食物。

"色恶，不食，臭恶，不食。"烹饪不得法，菜肴颜色不正，气味不正，都不吃它。

"失饪，不食。"火候过度，食物过烂，不吃。

"不时，不食。"如果不是进餐时间，不吃零食，免伤肠胃。

"割不正，不食。"切割不得法，不吃。《韩诗外传》说孟子母亲怀胎有胎教之法，也有席不正不坐、割不正不食的原则。"不正"并不是说一定要方方正正，泛指刀工的优劣。

"不得其酱，不食。"各类肉食按传统配有规定的酱汁调味，如食鱼脍要用芥酱，鱼脍端出来之前，先要把芥酱准备好。孔子主张没有所需的酱就不吃鱼肉，要求很是严格。以上这几条颇显出一点贵族风度，孔子也因此受到后人的不少责难。

"肉虽多，不使胜食气。"肉虽可多吃一点，但不能超过饭食，须以谷米为主食。

"唯酒无量，不及乱。"酒可多饮，但不能狂饮致醉。

"沽酒市脯不食。"不要随便到市肆上买食物，不逛酒肆，不下饭

宋代马远绘《孔子像》

馆。这大概是为了卫生起见。《礼记·王制》也说："衣服饮食，不鬻于市。"

"祭于公，不宿肉。祭肉不出三日，出三日，不食之矣。"当时大夫、士都有陪同国君参与祭仪的机会，祭祀当天清晨宰牲，次日有时再祭，祭毕让各人把自己带来参加祭仪的肉拿回去。祭肉自宰杀之日起，存放不能超过三日，超过三日便不再食用。三日一过，恐怕已臭败不堪了。

"食不语，寝不言。"吃饭睡觉不能说话，为的是吃得卫生，睡得安稳。饭桌上高谈阔论，唾沫横飞，非但不雅，更为不洁。

"虽疏食菜羹，必祭，祭必齐如也。"尽管吃的是粗糙的饭菜，但也要十分虔诚地祭食，用以怀念发明热食的先圣。

"乡人饮酒，杖者出，斯出矣。"行乡饮酒礼，必得让年长者先出，然后自己才出，以示尊老。

"君赐食，必正席先尝之。君赐腥（生食），必熟而荐之。君赐生（牲畜），必畜之。侍食于君，君祭，先饭。"如果国君赐给食物，回家一定要坐端正了再吃，不可造次，以示敬重。如果所赐为生食，要做熟了先敬年长者受用。如果所赐为活物，应当圈养起来，以资纪念。陪侍

孔子时代的瓦鬲

国君吃饭，国君亲自祭食，陪者不祭，但须先于国君吃饭，叫作尝饭。

"朋友之馈，虽车马，非祭肉，不拜。"朋友间馈赠的礼物不管多么贵重，如大到车马之类，如果不是祭肉，都不须行正规的谢礼。祭肉为通神明所用，所以被看得高于一切。

"觚不觚，觚哉！"酒器形状与容量要符合规矩，孔子对不符规定的觚深感忧虑，认为有碍于食礼的施行。

"子食于有丧者之侧，未尝饱也。"孔子坐在服丧的人旁边吃饭，从未吃饱过。要发点恻隐之心，因为服丧者不会饱食，所以与他在一起也不能狼吞虎咽。

被后世尊为圣人的孔子，对于自己的这一套饮食说教，大部分是身体力行的，只是在异常情况下稍

有违越。如有时赴宴，主人不按礼仪接待他，他便以无礼制非礼。不合礼法，给鱼肉他也不吃，若以礼行事，蔬食也当美餐。如据《说苑》所述，鲁国有一位生活俭朴的人，用瓦鬲做了一顿饭，吃起来觉得很香美。于是他把饭盛在一个土碗内，拿去送给孔子吃。孔子很高兴地接受了这碗饭，"如受太牢之馈"，就好像是接受了牛羊肉一样。他的弟子很纳闷，大着胆子问他："这土碗不过是低贱的物件，这饭食也不过是粗糙的食物，先生为何显得如此之高兴？"孔子回答说："吾闻好谏者思其君，食美者念其亲，吾非以馔为厚也，以其食美而思我亲也。"说并不是以为他送来的

饭好，而是因为他吃了觉得味美而想到了我，所以才感到如此高兴。

可以认为，儒学是中国古代文化发展的核心，以孔子为代表的儒家的饮食思想与观念也可以说是古代中国饮食文化的核心，它对中国饮食文化的发展起着不可忽视的指导作用。儒家所追求的平和的社会秩序，也毫不含糊地体现在饮食生活中，这也就是他们所倡导的礼乐的重要内涵所在。

"食不语，寝不言"，孔子的话语至今还在我们的耳边回响。随着社会的发展，儒家学说也经历了渐次改造与发展的过程，始终是中国古代传统文化的主干，它始终对中国饮食文化的发展产生着重大影响。

◎老饕东坡的饮食世界

苏轼苏东坡先生，是生活在北宋时代诗文书画无所不能聪敏异常的奇才。他也算得是一位美食家，祖居眉州眉山，即当今四川天府之地，是美食之地走出来的美食家。不过这位美食家并不怎么追求奇珍异味，更多追求的是食中的情趣。他豪放洒脱，不求富贵，不合流俗，他的饮食生活故事就像是一首首妙不可言的诗章，读来令人回味无穷。

东坡为官之道非常坎坷，但是为食之道却非常用心，这在一定程度上舒缓了他的人生旅程。他到过许多地方，一方水土，一方风物，各地的饮食风尚都能引起他浓厚的兴趣。东坡最初的为官之地是陕西凤翔，那时遇到大旱，他在旱情解除后，命人宰羊做羊汤与民同庆，他写下"陇馔有熊腊，秦烹惟羊羹"的诗句，似乎他也是喜欢羊汤的，而且应当是羊杂汤，

兴许是入乡随俗吧。后来他调任杭州通判，又与茶结缘。有一次生病了，孤山寺的惠勤禅师教他一日饮浓茶数碗，痊愈后东坡在禅寺粉壁上题七绝云："示病维摩元不病，在家灵运已忘家。何须魏帝一丸药，且尽卢全七碗茶。"后来他又写出"从来佳茗似佳人"的名句赞美茶品，品茶的境界，似乎再也没有超过他的了。

宋人在茶中寻趣，还有斗茶之趣。士大夫们以品茶为乐，比试茶品的高下，称为斗茶。唐庚有一篇《斗茶记》，记几个相知一道品茶，以为乐事。各人带来自家拥有的好茶，在一起比试高低。东坡大约也是体验过这游戏的，当然谁要真的得了绝好的茶品，却又不会轻易取出斗试，舍它不得，所以东坡的《月兔茶》这样写道：

苏东坡画像

> 环非环，玦非玦，
> 中有迷离月兔儿，
> 一似佳人裙上月。
> 月圆还缺缺还圆，
> 此月一缺圆何年？
> 君不见，
> 斗茶公子不忍斗小团，
> 上有双衔绶带双飞鸾。

不论是茶是酒是食，到了东坡那

里，那滋味都有些特别。曾经有人馈送东坡六壶酒，结果送酒人在半路跌了一跤，六壶酒全都洒光。东坡虽然一滴酒没尝到，却风趣地以诗相谢，诗云："不谓青州六从事，翻成乌有一先生。""青州从事"是美酒的代名。东坡早年起就不喜饮酒，自称是个看见酒盏就会醉倒的人。后来虽也喜饮，而饮亦不多。他写过一篇《书东皋子传后》的文字，十分生动地描述了自己对饮酒所取的态度。他说他自己虽有时整日饮酒，但加起来也不过五合而已。在天下不能饮酒的人当中，他们都要比我强。不过我倒是极愿欣赏别人饮酒，一看到人们高高举起酒杯，缓缓将美酒倾入口腔，自己心中便有如波涛泛起，浩浩荡荡。我所体味到的舒适，自以为远远超过了那饮酒的人。如此看来，天下喜爱饮酒的人，恐怕又没有超过我的了。我一直认为人生最大的快乐，莫过于身无病而心无忧，我就是一个既无病且无忧的人。我常储备一些优良药品，而且也善于酿酒。有人说，你这人既无病又不善饮，备药酿酒又是为何？我笑着对他说：病者得药，我也随之轻体；饮者醉倒，我也一样酣适。

东坡虽不是太爱饮酒，但却极爱食肉。有人烧好猪肉邀他去吃，等他到场时，肉已被人偷吃，他戏作小诗记其事："远公沽酒饮陶潜，佛印烧猪待子瞻。采得百花成蜜后，不知辛苦为谁甜。"瞧瞧，那一回是酒没饮到，这一回是肉没吃着，对东坡而言，调侃一番也不失为一种享受。

东坡一生多次遭贬谪，在第一次

东坡肉

谪居地黄州，他在城外的东坡开荒种地，自号"东坡居士"，自此也就得了"东坡"的别号。黄州给了他安身之所，也给了他美食，他在《初到黄州》一诗中写出"长江绕郭知鱼美，好竹连山觉笋香"的句子，一开始就歌颂了那里的美食。还有"无竹令人俗，无肉使人瘦，不俗又不瘦，竹笋焖猪肉"的诗句，表明他对笋焖猪肉的偏好。东坡自己也会烹肉，宋人周紫芝在《竹坡诗话》中说："东坡性喜嗜猪，在黄冈时，尝戏作《食猪肉》诗云：'慢着火，少着水，火候足时他自美。每日起来打一碗，饱得自家君莫管。'"这肉色香味俱佳，慢火，少水，多酒，据说是制作这道菜的诀窍。后人将他创制的这道菜名为"东坡肉"，现在不少南北饭馆也能见到它。

这东坡肉，又有人说是东坡早先在徐州发明的，后来在黄州和杭州也烹过。他的《食猪肉》诗确实作于黄州，前面还有"黄州好猪肉，价贱如粪土。富者不肯吃，贫者不解煮"这样几句，是他在黄州烹肉的证据。不过我对"东坡肉"有些怀疑，怀疑正生自此诗，读者也未必都相信这是东坡先生的大作。我们知道，在《东坡续集》（卷十）里，还有另一个版本的《猪肉颂》："洗净铛，少着水，柴头罨烟焰不起。待它自熟莫催它，火候足时它自美。黄州好猪肉，价贱如泥土。贵者不肯食，贫者不解煮。早晨起来打两碗，饱得自家君莫管。"如果东坡先生真就写过这样的诗，那这两个版本可能都有改窜的嫌疑，它们都已经失却了原本的滋味了。

黄州的饮食，在一定程度上安抚了东坡那颗狂放的心。他喜欢吃油酥食品，当地人将"千层油酥饼"称为"东坡饼"。他也爱豆腐，当地传有"东坡豆腐"。东坡豆腐的烹法，宋人林洪记在《山家清供》中，制作要点是将豆腐放入调好的面粉、鸡蛋和盐糊中挂糊，入五成热的油锅里炸过沥油，再与笋片和香菇合烹。东坡曾写下"煮豆为乳脂为酥"的诗句，正是为着赞美有滋有味的豆腐。

猪肉烹之得法，可以味美诱人，江鲜更是如此。宋时在江南流行"拼死吃河豚"的说法，东坡先生虽不是江南人，也不怕冒此风险。宋人孙奕的《示儿编》记有这样一事：东坡谪居常州时，极好吃河豚。有一士人家烹河豚极妙，准备让东坡来尝尝他们的手艺。东坡入席后，这士人的家眷都藏在屏风后面，想听听他究竟如何品评。只见这客人只顾埋头大嚼，并无一句话出口，大家都十分失望。失望之中，忽听东坡大声赞道："也值得一死呀！"吃了这美味，死了也值得，可见实在太美了。河豚因为有毒，所以一些人不大敢吃它，又因滋味绝美，又使许多人馋涎欲滴。"拼死吃河豚"，正是河豚诱惑力极大的证据。东坡"竹外桃花三两枝，春江水暖鸭先知。蒌蒿满地芦芽短，正是河豚欲上时"的七言绝句，写出了他对河豚美味的期待。

河豚的烹调，是专门的技艺，东坡未必亲自掌过厨，但他在烹鱼方面是一把好手。在杭州，东坡烹西湖鲤鱼，采用单边煎法，浇咸萝卜汁与黄酒烧成，好事者称为"东坡鱼"。

东坡先生爱猪肉、爱河豚，但他并不是一个一心追求美味的人。他曾捶萝卜为玉糁羹，不用多的作料，只以白米粉为糁，以为味道超过醍醐，吃了一半，放下筷子赞叹道："若非天竺酥陀，人间绝无此味"。当下写诗记其事，云："香似龙诞仍酽白，味如牛乳更全清。莫将南海金齑脍，轻比东坡玉糁羹。"（林洪《山家清供》）

在饮食里做做游戏，说说戏语，也是东坡先生的强项。明代郎瑛《七修类稿》卷五十一"奇谑类"，收录了以下两个例子，可算是绝妙的饮食幽默，这里就有东坡留下的食饮佳话：

昔人请客，柬以具馔二十七味。客至，则惟煮韭、炒韭、姜醋韭耳。客曰："适云二十七味，可一菜乎？"主曰："三韭非二十七耶？"

钱穆父尝请东坡食皛饭，子瞻以为必精洁之物，至则饭一盂、萝卜一碟、白汤一盏。坡笑曰："此三白为皛耶？"相对闲然。

"三韭"故事出在南齐人庚杲之身上，庚为尚书驾部郎时，"清贫自业，食唯有韭菹、瀹韭、生韭杂菜。或戏之曰：谁谓庚郎贫，每食鲑常有二十七种。言'三九'也"。（《南齐书·庚杲之传》）

"三白"之事，苏东坡一人就曾两度经历过，一次是与钱勰（穆父）共享，一次是与刘攽（贡父）合餐。明代张鼎思《琅琊代醉编》有较详细的叙说，事情是这样的：

苏东坡有一次对刘贡父说：从前我曾有幸与人（当是指钱穆父）共享"三白"，觉得十分香美，当时简直不再相信世间有什么"八珍"之馔。贡父问这三白究竟是什么美味，东坡答道："是一撮盐，一碟生萝卜，一碗饭。"原来是用生萝卜就盐佐饭，逗得贡父大笑不止。

此后过了许久，刘贡父下了一帖请柬，进苏东坡吃"皛饭"。东坡没

宋代石刻温酒女佣（四川泸县）

加思索，以为刘贡父读书多，学问大，晶饭一定出自什么典故，于是欣然前往。到了刘家一瞧，看到食案上只摆有萝卜、白盐、米饭，这才明白贡父是以"三白"的旧事开玩笑，于是抢起碗筷，几乎是一扫而光。东坡起驾回府时，对贡父也发出了一个邀请，"明日请到我家来，当准备毳饭招待"。

贡父明知这是戏言，只是不解毳饭究竟为何物，次日还是兴冲冲地到了苏府。二人见面，谈笑很久，过了中午，还不见设食。贡父饿得不行了，张口要饭吃，东坡不动声色，让他再等一会儿。如此再三，东坡回答如故。贡父急了，说是饿得实在受不了，这时只见东坡站起来慢慢地说："盐也毛，萝卜也毛，饭也毛，这不是毳饭是什么？"毛之意，"无"也，意为：盐无、萝卜无、饭也无，三无谓之"三毛"，也就成了毳饭了。贡父听了，捧腹大笑道："我想先生一定会找机会回报我那晶饭的，只是没想到有这么一回事。"不过，玩笑之后，东坡还是摆了实实在在的筵席，刘贡父饮到很晚才离去。

"三白"早在唐代便是贫苦人家清淡饮食的代称，杨晔《膳夫经手录》说："萝卜，贫寒之家与盐、饭偕行，号为'三白'。"宋代文人以"三白"相戏，为的是让饮食生活增加一点色彩，多得一种兴味，并不真的想追求那种清苦的生活。

东坡先生晚年力倡蔬食养生的学说，他的《送乔仝寄贺君》诗，有两句是这样写的："狂吟醉舞知无益，粟饭藜羹问养神"，拿着自己的经验劝说别人。他到惠州，丰富的瓜果菜蔬主导了素食口味，他看着自己耕种收获的蔬菜，高兴地赋诗一首："秋来霜露满园东，芦菔生儿芥生孙。我与何曾同一饱，不知何苦食鸡豚。"食素与那食必方丈的晋代何曾得到一样的饱感，又何必去宰杀生灵。他还有诗曰"日啖荔枝三百颗，不妨长作岭南人"，岭南风物，让东坡如此动情。

东坡先生还写过一篇《菜羹赋》，非常真实地表达了他倡导蔬食的主张：

东坡先生卜居南山之下，服食器用，称家之有无。水陆之味，贫不能致，煮蔓菁芦菔苦芥而食之。其法不用醯酱，而有自然之味，盖易具而可常享，乃为之赋曰：

嗟余生之褊迫，如脱兔其何因。
殷诗肠之转雷，聊御饿而食陈。

无胾胾以适口，荷邻蔬之见分。
汲幽泉以操濯，搏露叶与琼根。
爨铏錡以膏油，泫融液而流津。
适汤濛如松风，投糁豆而谐匀。
覆陶瓯之穹崇，罢搅触之烦勤。
屏醯酱之厚味，却椒桂之芳辛。
水耗初而釜冶，火增壮而力均。
滃嘈杂而廉清，信净美而甘分。
登盘盂而荐之，具匕箸以晨飧。
助生肥于玉池，与五鼎其齐珍。
鄙易牙之效技，超傅说而荣动。
沮彭尸之爽惑，调灶鬼之嫌嗔。
嗟丘嫂其自隘，陋乐羊而匪人。
先生心平而气和，故虽老而体胖。
忘口腹之为累，似不杀而成仁。
窃比余于谁欤？葛天氏之遗民。

东坡先生的饮食观，还体现在《东坡志林·养生说》中。他说："已饥方食，未饱先止。散步逍遥，务令腹空。当腹空时，即便入室。不拘昼夜，坐卧自便。惟在摄生，使如木偶。"要在腹空时安静地待在室内，数它四万八千下，这样就能"诸病自除，诸障渐灭"。东坡先生提倡止欲养生法，在另一篇小记中，题目即为"养生难在去欲"。在《赠张鹗》一笺中，东坡开列了养生"四味药"："一曰无事以当贵，二曰早寝以当富，三曰安步以当车，四曰晚食以当肉。夫已饥而食，蔬食有过于八珍。而既饱之余，虽鱼豢满前，惟恐其不持去也。"强调清心寡欲，作适量运动以养生。

东坡先生还有一篇《记三养》文说：

东坡居士自今日以往，不过一爵一肉。有尊客，盛馔则三之，可损不可增。有召我者，预以此先之，主人不从而过是者，乃止。一曰安分以养福，二曰宽胃以养气，三曰省费以养财。

看来到了晚年，东坡先生越发感到养生的重要，下决心在平日一顿不过一杯酒一盘肉，来了客人盛馔不过三盘，可少不可多。有人邀请，先将自己的用餐标准告诉主人，主人不听而筵宴过于丰盛，宁可罢宴。东坡先生养福、养气、养财的"三养论"，是他64岁时才悟出的道理。他的这个节食制欲的决心不知是否下晚了一点，他在次年于常州去世。

肆

礼饮礼食

　　人平日可以粗茶淡饭，却总要追求适口的滋味，五味咸酸苦辣甜，一味不可少。人有时可以狼吞虎咽，却总要聆听席不正不坐、割不正不食的教诲，食之有仪。

　　《列子·黄帝》有云："有七尺之骸、手足之异，戴发含齿，倚而食者，谓之人。"《礼记·礼运》则言："人者，天地之心也，五行之端也，食味、别声、被色而生者也。"

◎礼始诸饮食

《礼记·礼运》说："夫礼之初，始诸饮食"，阐明了礼仪制度和风俗习惯始于饮食活动的道理。《礼记·仲尼燕居》记孔子语曰："礼者，理也。"孔子时代的礼，实际指的是一种社会秩序，是具体的行为规范。表现在饮食活动中的食礼，指的就是饮食规范。这规范当然是超出个体行为的社会规范，要求作为社会成员的个人共同遵守。

"夫礼之初，始诸饮食"，讲人类的饮食活动之初，食礼便开始逐渐形成。食礼在祭礼鬼神的活动中显得庄严肃穆，在君臣老少的饮宴中显得井井有条。食礼是一切礼仪制度的基础，饮宴活动贯穿于几乎所有的礼仪活动，谈礼仪制度而避开食礼不论，难免失之偏颇。史前时代的饮食礼仪，我们无法了解得很清楚，不过在现代开化较晚的部落中，大体可以找到一些可以进行类比的例子，知道

远古人类对此是并不含糊的。罗伯特·路威在他的《文明与野蛮》中，谈到了文明人的饮食礼节，也谈到"野蛮人"的饮食礼节，书中有这样一些话：

饮食是人生一宗大事，自然要纠缠上许多奇怪意思，拨弄不清。那些野蛮人，我们无可无不可的地方往往正是他们吹毛求疵的地方，在饮食这件事上大概都有很郑重尊严的规则……在乌干达，看见别人在吃饭，千万别去招呼他，那是很失礼的；连注目看一看都只有粗人会做得出。在这儿，做客人的道理是放怀大嚼，谢谢主人，还要打胃里呕两口气表示甚饱甚饱。祖鲁人孩子赴宴之时，父母必再三嘱咐，主人端菜来必须双手去接，否则就表示瞧不起主人，嫌他的菜不好。初民社会里有一条很通行的规则，客人一来便送东西给他吃，不管是不是吃饭的时候。在平原印第安

人里面，这是敬客的正道。做客人的
不一定要把端出来的东西全吃了，甚
至向主人借个盘或碗把吃剩的带回
去，在他们看来也无伤大雅。有时
候，座次是排定了的。克洛族的主人
和客人不坐在一起，每个家族自成一
群。荷匹人便不如此，主人客人大伙
儿围着一个盛汤的大盆子坐，各人把
他的薄饼蘸着汤吃。凡是贵贱观念浓
厚的地方，人们对于饮食的先后很有
讲究。在波利尼西亚，他们最爱喝的
胡椒酒一杯一杯送上来的时候，先送
给谁，后送给谁，这里面不能错一丝
一毫，比起伦敦或华盛顿官场中的盛
宴来不差什么。总而言之，野蛮人的
礼仪非但严格，简直严格得可怕。

由这些民族志材料可以推想，中
国史前时代的饮食生活也一定形成了
自己的礼仪规范，只是许多具体细节
已不可确知了。文明时代的饮食礼仪
是发端于史前时代的，不同的是更

周代宴饮场景再现图

加规范，更强调它的社会意义。在中
国，根据文献记载可以得知，至迟在
周代时，饮食礼仪已形成为一套相当
完善的制度。这些食礼在以后的社会
实践中不断得到完善，在古代社会发
挥过重要作用，对现代社会依然产生
着影响，成为文明时代的重要行为规
范。

对于礼的作用，《三礼》借孔子
的言语有许多具体的阐述，由此可以
看到周人对礼乐的重视程度。《礼
记·曲礼上》有云："夫礼者，自卑
而尊人"，又云"夫礼者，所以定亲
疏、决嫌疑、别同异、明是非也"。
谈到礼的深层意义，又说："人有礼
则安，无礼则危，故曰礼者不可不学
也。"礼仪之于饮食，在周代贵族们
看来，那是比性命还要贵重的事。
《礼记·礼运》就说："礼之于人
也，犹酒之有糵也"，酒须酒母而酿
为酒，人而无礼则不成其为人，不为
人即与走兽无二，认识到这个高度可
以说是无以复加了。

后人对食礼的形成，陆续有一些
精到的论述，如宋代袁采《袁氏世
范》，道及饮食男女与礼仪的关系，
他说道："饮食，人之所欲而不可无
也，非理求之，则为饕为馋；男女，
人之所欲而不可无也，非理狎之，则
为奸为滥；财物，人之所欲而不可无

味无味 。。。
餐桌上的历史风景

乡情长街宴

也，非理得之，则为盗为赃。人惟纵欲，则争端启而狱讼兴，圣王虑其如此，故制为礼，以节人之饮食男女；制为义，以限人之取与。君子于是三者，虽知可欲，而不敢轻形于言，况敢妄萌于心？小人反是。"

这一说就非常清楚了，读了这段话再读《诗经》上要无礼人快快去死的句子，也就不觉得那么过分了。周礼中的食礼，其严肃性是不容怀疑的。就拿食物的选择为例，符合礼仪规定的食物并不一定人人都爱吃，如大羹、玄酒和菖蒲菹之类，有时想吃的食物，却因不符合礼仪规定而不能一饱口福。如《韩非子·难四》说："文王嗜菖蒲菹，非正味也，而尚之，所味不必美。"之所以要吃这味道并不美的食物，是因为周礼规定它是祭礼所用的必备食物。又见贾谊《新书》说，周武王做太子时，很喜欢那闻着臭吃着香的鲍鱼，可姜太公就是不让他吃，理由是鲍鱼从不用于祭祀，所以不能用这种不合礼仪的东西为太子充饥。爱吃的东西不能随便吃，不好吃的东西要硬着头皮吃，周代食礼的严肃性由此表露得很清楚了。

◎周礼：吃饭的规矩

饮食活动本身，由于参与者是独立的个人，所以表现出较多的个体特征，各个人都可能有自己长期生活中形成的不同习惯。但是，饮食活动又表现出很强的群体意识，它往往是在一定的群体范围内进行的，在家庭内，或在某一社会团体内，所以还得用社会认可的礼仪来约束每一个人，使各个个体人的行为都纳入到正轨之中。

如进食礼仪，按《礼记·曲礼》所述，周代时已有了非常严格的要求，下面就是具体的规矩：

（1）进食时入座的位置很有讲究，汉代以前无椅凳，席地而坐。在一般情况下，要坐得比尊者长者靠后一些，以示谦恭；进食时要尽量坐得靠前一些，靠近摆放馔品的食案，以免不慎掉落的食物弄脏了坐席。

（2）宴饮开始，菜品端上来时，客人要起立，在有贵客到来时，其他客人都要起立，以示恭敬。主人让食，要热情取用，不可置之不理。

（3）如果来宾地位低于主人，必须双手端起食物面向主人道谢，等主人寒暄完毕之后，客人方可入席落座。

（4）进食之前，等馔品摆好

之后，主人引导客人行祭。古人为了表示不忘本，每食之前必从盘碗中拨出菜品少许，放在案上，以报答发明饮食的先人，是谓之"祭"。食祭于案，酒祭于地，先吃什么就先用什么行祭。如果在自己家里吃上一餐的剩饭，或是吃晚辈准备的饮食，就不必行祭。

（5）享用主人准备的美味佳肴，虽然都摆在面前，而客人却不可随便取用，须得"三饭"之后，主人才指点肉食让客人享用，还要告知所食肉物的名称，细细品味。所谓"三饭"，指一般的客人吃三小碗饭后便说饱了，需主人劝让才开始吃肉。实际上主要馔品还没享用，何得而饱？这一条实为虚礼。

宴饮将近结束，主人不能先吃完而撤下客人，要等客人食毕才停止进食。如果主人进食未毕，客人不能用酒浆荡口，否则便是不恭。

（6）宴饮完毕，客人自己需跪立在食案前，整理好自己所用的餐具及剩下的食物，交给主人的仆从。待主人说不必客人亲自动手，客人才住手，复又坐下。其他文献还说，如果用餐的是本家人，或是同事聚会，没有主宾之分，可由一人统一收拾食案。如果是较隆重的筵席，这种撤食案的事不能让妇女承担，怕她们力不胜劳，可以推出年轻点的人来干。

进食时无论主宾，对于如何使用餐具，如何吃饭食肉，都规定有一系列的准则。这些准则有近20条之多。

（7）同别人一起进食，你不能只顾自己吃得饱饱的。

（8）吃饭时不能直接用手，食饭本来一

周代铜壶（陕西扶风）

西周铜簋（陕西宝鸡）

般用匙。

（9）吃饭时不可抟饭成大团，大口大口地吃，这样有争饱之嫌。

（10）要入口的饭，不能再放回饭器中，别人会感到不卫生。

（11）不要长饮大嚼，让人觉得是想快吃多吃，好像没够似的。

（12）咀嚼时不要让舌在口中发出响声。

（13）不要专意去啃骨头，这样容易发出不中听的声响，使人有不雅不敬的感觉；同时又会使主人做出是否肉不够吃的判断，致使客人还要啃骨头致饱；此外啃得满嘴流油，且也可憎可笑。

（14）自己吃过的鱼肉，不要再放回去，应当接着吃完，否则别人会觉得不干净，无法再吃下去。

（15）客人自己不要啃骨头，也不要把骨头扔给狗去啃，否则主人会觉得你看不起他筹措的饮食，以为只配狗食而已。

（16）不要喜欢吃某种味道便独取那一味，或者争着去吃，有贪吃之嫌。

（17）不要为了能吃得快些，就用食具扬起饭粒以散去热气。

（18）吃黍饭不要用筷子，食饭必得用匙，筷子是专用于食羹中菜的，不能混用。

（19）羹中有菜，用筷子取食，

如果无菜，直饮即可。

（20）饮用肉羹，不可过快。

（21）客人不能自己动手重新调和羹味，否则会给人留下自我表现的印象，好像自己更精于烹调。

（22）进食时不要随意不加掩饰地大剔牙齿，如齿塞，一定要等到饭后再剔。

（23）不要直接端起调味酱便喝。咸酱用于调味，不是直接饮用的。客人如果直接喝调味酱，主人便会觉得酱一定没做好，味太淡了。

（24）带汤水的烧肉可直接用牙齿咬断，干肉则不能直接用牙去咬断，需用小刀帮忙。

（25）大块的烤肉和烤肉串，不要一口吃下去，要细嚼慢咽。狼吞虎咽，仪态不佳。

（26）吃饭时不要唉声叹气，"唯食忘忧"。

这些有关食礼的规定，不可谓不具体。这样的细微之处，都划出了明确的是非界限，可见古人对此之重视了。类似的仪礼也曾作为古代许多家庭的家训，代代相传。当代的老少中国人，自觉不自觉地都多多少少承继了古代食礼的传统。我们现代的不少餐桌礼仪习惯，都可以说是植根于《礼记》的，是植根于我们古老饮食传统的。

◎帝王的恩典：天下大酺

动乱年代，人民需要安抚；太平盛世，抚慰也时而有之，但方式不同。救灾有粮有粥就行了，太平欢饮则非有酒肉不可。帝王一道诏令，举国同庆，称为大酺。国体意识、皇权意识，就在一次次"天下大酺"的诏令中得到强化。

一般以为，历史上最早下诏号令天下大酺的是汉文帝。《史记·文帝本纪》云，"诏书曰：朕初即位，其赦天下，赐民爵一级，女子百户牛酒，酺五日"。当了皇帝，高兴了，大赦天下，让人民大饮大嚼五天。因为依照汉代法律，如果三人以上无故聚集饮酒，要罚金四两。所以要皇上特许才能饮酒，叫作大酺。《说文解字》解释"酺"为"王者布德，大饮酒也"。

史载赵武灵王灭中山国，大酺五日，打了胜仗，大吃大喝，以示庆贺，当是很早就有了的事，说起于战国也不算早。不过，"大酺"本是有背景的，汉承秦法，禁三人以上群饮，只有得了大酺令，民众才可聚饮。有意思的是，大酺令与大赦令往往是同时颁布的，畅饮酒醴也如同得

了大赦一般，民众当时的心情应当是很高兴的，人们在大酺令中又领受到了皇恩的浩荡。当然民众客观上也在难得的大酺活动中联络了感情，发展了友谊，这就正如《礼记·坊记》所引述的孔子说过的话："因其酒肉，聚其宗族，在教民睦也。"

大酺的机会虽不是常有，但也时而有之。诏令大酺的原因可以有很多，皇帝登基，册立皇后，皇子满月，出师大捷等等，都可以使皇帝激动起来，颁下大赦令和大酺令。偶尔得了一件宝器，也有大酺的可能。《汉书·文帝本纪》说，有一年秋九月皇帝得到一件玉杯，杯上刻有"人主延寿"的字样，于是令天下大酺。虽然后来弄清楚玉杯是奸人诈献的，并不是什么古董宝器，但大酺令已经颁布了。

凤鸟偶尔在皇宫内的树枝上歇落，也要大酺。《汉书·宣帝本纪》说：某年三月的一天，鸾凤落在长乐宫东阙的一棵树上，而且还飞下了地，身上有五色的羽毛，停留了十余刻之久，吏民一起观看到这一景象。于是皇上令赐民爵一级，女子百户牛

酒，大酺五日。

册立皇后，按例要天下大酺，大家都要为皇帝庆贺一番。《晋书·惠帝本纪》：元康元年（291年）十一月甲子，立皇后羊氏，颁布了大赦，并令大酺三日。立皇太子，也是一件大事，也要大酺。《晋书·惠帝本纪》说：太安元年（302年）五月癸卯，立清河王遐子覃为皇太子，赐给孤寡老人布帛，令天下大酺五日。

晋惠帝大概是下大酺令较多的皇帝之一，他立皇太子下了大酺令，立皇太弟时也下了大酺令。《晋书·惠帝本纪》说：永兴元年（304年）三月戊申，诏成都王颖为皇太弟，大赦，

大酺五日。

自汉代起皇帝有年号，年号常常因各种原因改变，称为"改元"，改元也要大酺。《晋书·成帝本纪》说：咸和元年（326年）春二月，大赦，改元，大酺五日。

有时天上飘来一朵云，如果被认作是祥云，而且它正好飘过皇宫，被视为大吉祥，也要诏令大酺。《魏书·明元帝本纪》说，泰常五年（420年）秋七月，有一朵祥云飘到大殿上空，于是皇上赐从者大酺。

皇太子纳妃，也有大酺的可能。《新唐书·高宗本纪》说：咸亨四年（673年）十月，以皇太子纳妃，赦免

汉墓壁画《宴饮图》

了岐州的囚犯，赐酺三日。

皇孙满月，举国要为之庆贺，也要大赦大酺。《新唐书·高宗本纪》说，永淳元年（683年）二月，以皇孙重照出生满月为由，大赦天下，还改了年号，赐酺三日。

大酺一般为三日，或五日、七日，也有酺九日的，都是取单数。偶尔大酺也有十日的，只是极少用，唐代武则天就曾用过。《新唐书·武后本纪》说，万岁通天元年（696年）腊月，改年号曰"万岁登封"，大赦并赐酺十日。

赐酺的具体情形，唐代及唐以前史籍记载并不多。《宋史·礼志

十六》说，赐天下大酺的做法自秦时开始，秦代时三人以上会饮则罚金，所以因事赐酺，教吏民有机会饮酒，唐代一而再，再而三举行大酺，高兴的事儿好像比较多。宋太宗雍熙元年（984年）十二月下了个诏书，说过去帝王赐酺推恩，与民众共乐，为的是表现升平盛事，以取民众的欢心。近来四海混同，万民康泰，可赐酺三日作为庆祝。大酺之日，皇上还登上丹凤楼观酺，召侍臣赐饮。满街都吹吹打打地奏着乐，还有彩车旱船往来御道游行。那场景一定是很壮观的，也是极欢乐的。

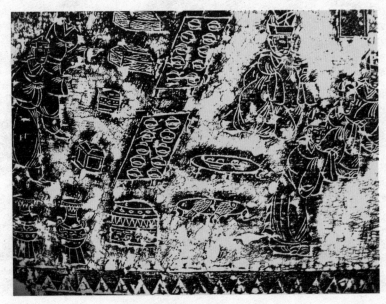

汉画《备宴图》（山东沂南北寨）

◎御筵上的规矩

在古代正式的筵宴中，座次的排定及宴饮仪礼是非常认真的，有时显得相当严肃，有的朝代皇帝还曾专门下诏整肃，不容许随便行事。

汉代初年的一次礼制改革，主要便是围绕宴礼进行的。刘邦即位后，群臣饮酒争功，喝醉了就大呼小叫，甚至拔剑生事，他当这个皇帝心里很不踏实。于是叔孙通请制为礼法，"采古礼与秦仪杂就之"，他要让皇帝的威严得到充分体现。叔孙通为儒者，本为秦时博士，后来降归刘邦，仍然做他的博士。他所创制的一套诸侯王及大臣朝见皇帝的礼法，在君与臣之间划出一条明显的界限，由此形成的君臣观念一直延续了两千多年。

叔孙通礼法的具体内容是：皇帝坐北高高在上，文官丞相排列殿东，而列侯诸将排列殿西，两相对面，文武百官"莫不振恐肃敬"。饮酒有酒法，陪侍皇帝饮酒的人，"坐殿上皆伏仰首，以尊卑次起上寿"。在一旁还有专事纠察的御史，发现有不按礼仪行动的人，马上要撵出宴会。如此一来，"竟朝置酒，无敢喧哗失礼者"，乐得刘邦连声说："吾乃今日知为皇帝之贵也!"他当即提升叔孙通为太常，并"赐金五百斤"，以示褒奖。

受过朝廷筵宴这种严肃气氛感染的朝臣，有时甚至还把这严谨的朝仪带到家庭生活中。汉代上大夫石奋，年老退休在家，遇到皇帝"赐食于家，必稽首俯伏而食，如在上前"。在家里享用皇上的赐食，就像在皇上面前一样，恭恭敬敬，不敢造次。像石奋这样谨守礼法的朝臣，可能还有不少，不过相反者亦不在少数，害得皇帝们也有寝食不安的时候，有时免不了亲自过问一下。例如《宋史·礼志十九》便提到，宋太宗淳化三年（992年），曾令有司"申举十五条"，对朝官上朝失礼行为进行了批评，其中就提及"廊下食行坐失仪"之事，并声明对再犯者要进行严厉惩处，那些吃朝廷免费午餐的官员如果太放肆，就要罚扣薪俸一个月，如果经过提醒还不改正，还有降职的可能。当然，朝中散漫现象不会因一两次整肃而完全消失，还得三令五申，不断敲警钟。所以十多年后，宋真宗亲自下诏批评朝中筵宴仪容不端

清宫紫光阁《赐宴图》

的现象，事见《宋史·礼志十六》的记述：规定正式的宴会，令御史台预定位次，与宴者不得喧哗，还要派专人在宴会上巡视。在朝中参加一次宴会，在如此严密的监视下饮酒吃肉，确实很不自在。这时的礼与法已等同起来，不遵礼即是违法，谁都知道还是谨慎为妙。

朝中筵宴，与宴者动辄成百上千，免不了会生出一些混乱，所以组织和管理显得非常重要。史书上有关这方面的记载并不太多，我们可以由《明会典》上读到相关的文字，可以想见古代的一般情形。如《诸宴通

例》提到，明代朝中在宴会之先，礼部通知各衙门开具与宴官员职名，画好座次图悬挂在长安门示众。在开宴时还要开写职衔姓名，贴注席桌上。一般官员要等待大臣就座后，方许依次照名就席，不得预先入座。

每个与宴官员在图上可以寻找到自己的席位。在每个席位上也贴注着与宴官员的姓名职衔，入座时列队而行，不致发生混乱。

我们现在的盛大国宴，则是在请柬上注明应邀者的姓名和席位号码，简单明了。与宴者只要按照席号入座，一般是不会发生差错的。

◎御宴：拒赴与混吃

古代的官员们在一般情况下，是很愿意赴御筵的，名分内有资格赴宴的，自然是一定要去的，若是没请到，可能会大大影响情绪。宋太宗赵炅的长子赵元佐，就因没让赴御筵而气得放火焚宫，结果被废为庶人。事见《宋史·宗室汉王元佐传》，说的是重阳日皇上在宫内举行筵宴，王子元佐因为有病刚愈，没有让他来吃饭。晚上王子们散宴归来，路过元佐的住处，元佐知道后极不高兴地说："你们都能去陪皇上老子吃饭，就我一人不让去，这是要抛弃我也。"于是他独自饮起酒来，深夜时做出了纵火焚宫的事。结果御史逮捕了元佐王子，皇上将他废为庶人。

显然，赴御筵是一种很高的待遇，这位王子自然是看得很重的，否则他不会发这么大的肝火。正因为吃御筵机会难得，尤其是那些官品并不太高的人，机会就更难得，所以又有了大着胆子浑水摸鱼的人，竟会去混吃御筵。明人余继登《典故纪闻》卷十就记述了这样一件事，说在正统九年（1444年）的一次春宴中，有指挥使李春和指挥金事王福本来是不应赴宴的，但他们却入席僭坐在其他官员中，结果被查出治了大罪。混吃御筵，这个罪名实在是不怎么光彩。

虽然御筵有极大的吸引力，许多官员都将赴宴看作是一种莫大的荣耀，甚至还有混吃御筵的事，但也有一些例外。有的官员借故请假，拒绝赴宴，他们对皇上的邀请不感兴趣。这自然是大不恭，驳了皇上的面子。皇上不会置之不理，他不允许发生这样的事，于是下诏追查这些不忠的官员。《宋史·礼志十六》说，皇上在大中祥符元年（1008年）十二月曾下诏追查托故请假不赴宴的臣僚。熙宁元年（1068年）还有官员专门为类似事件上了奏折，说做臣子的听到君王召唤，是一点也不能延迟的，这是臣子恭敬君王的一种表现。可现在赐宴却有人托词不到，这是对圣上最大的不恭。他还建议自今以后凡有宴会，群臣中非有疾病者，不得托词不至，否则令御史台察举治罪。

不赴御筵，与混吃御筵一样，也要治你一个不恭敬的罪名。

对于儒官学士，朝廷常有优待，经常有专门的筵宴，有特殊的食俸。

东汉人药崧为南阳太守，他当初在朝中任郎官时，家境贫寒，无枕无被，每日以糟糠为食。汉明帝即位后，对药崧嘉奖了一番，还下诏让太官每日供他早饭晚餐，并赐予了衣被。药崧得到的是一种特殊照顾，像他这样的情形在朝中一定极少。不过帝王用食物作为惩罚臣下的手段的例子，也可以找到一些，在明代王琦《寓圃杂记》卷一中，就有一个有趣的以食物作罚的故事。有个被皇帝称为"小人中小人"的甄容，一次元宵观灯，皇帝命大臣赋诗，诗成有钞币之赏，甄容也想得几个赏钱，于是也作了一首。不曾想皇帝将他的诗稿扔在一旁，看都不看一眼，对他说："你本来就不会作诗。"还顺手拿给甄容几个烧饼，以此来羞辱他。

◎清宫盛会：隆重的千叟宴

帝王赐酺优待老人，在清代特别重视，举办的筵宴相当隆重，与宴老者有时多达数千人，所以又有"千叟宴"之称。康熙、乾隆时举行过四次千叟宴，是场面最盛、规模最大、准备最久、耗费最巨的清宫大宴。清人阮葵生《茶余客话》卷一《康熙诞辰宴会》说：康熙六十大寿时，赐宴在京各省现任汉族官员及士庶等六十五岁以上者，共四千二百四十人。过了三日，又赐宴满洲、蒙古、汉军官员及护军兵丁等二千六百零五人。皇上对老人们说："今日之宴，朕指派皇子皇孙宗室给你们斟酒，给你们分颁食品，你们入宴时不必起立，以示朕优待老人的本意。"

这一年各地耆老为庆贺皇帝生辰，新春伊始，便纷纷自发进京祝寿，康熙于是决定在畅春园宴赏众叟，而后送归乡里，这是第一次千叟宴，筵宴分两次举行，与宴者据阮葵生的说法共有6800多人。康熙六十一年（1722年），又举行了第二次这样的老人宴，与宴者有千余人。康熙在筵宴上作七言律诗名《千叟宴》，与宴满汉大臣也纷纷唱和，以纪其盛，飨宴耆老也因此名之为"千叟宴"。

到乾隆时，又于五十年（1785年）和六十年（1795年）举行过两次千叟宴，与宴者前次为3000余，后次为5000余。清代四次千叟宴，有三次是在大年初一举行的。如最后的一次，各省收成不错，年逾八旬的乾隆皇帝决定，在春正日举行"归政大典"，于宁寿宫、皇极殿再举千叟宴。与宴的大都是在任或离任的满汉官员，年龄按官品分别规定为60岁、65岁、70岁以上，所有拟定与宴人等均须由皇帝钦定，然后由军机处分别行文通知届时入宴。身在边远地区的需提前两月启程，才能赶得上参加这次御宴。

千叟大宴的排场和入宴程序很有讲究。开宴之前，在外膳房总理大人的指挥下，依照入宴耆老品位的高低，预先摆设宴席。除宝座前的御筵外，共摆宴桌800张。宴桌分东西两路相对排列，每路6排，每排22至100桌不等。如乾隆六十年摆在宁寿宫、皇极殿的最后一次千叟宴，宝座前设乾隆和嘉庆御筵，外加黄幕帷罩。殿内左右为内外王公一品大臣席，殿檐下左右为二品大臣和外国使臣席，丹墀甬路上为三品官员席，丹墀下左右为四五品和蒙古台吉席。其余低等人员，俱布席于宁寿宫门外两旁。东西两旁各席，设蓝幕帷罩。

宴桌摆设完毕，即由外膳房总理大人率员引导与宴官员、外国使臣以及众叟入席恭候。此刻宫殿内外800宴席，数千老人一片肃静，就等皇帝驾到了。

只听中和韶乐高奏，鼓乐齐鸣。在乐声中皇帝步出暖轿，升入宝座，

乐止。然后赞礼官高声宣读行礼项目，奏丹陛大乐。这时管宴大臣二人，导引殿外左右两边阶下序立的内外大臣、蒙古王公等，由两旁分别走至丹墀正中。接着鸿胪寺赞礼官赞行三跪九叩礼。伴随着乐曲，数千耆老一同向皇帝叩拜，乐止。接着，管宴大臣又引导着王公大臣步入殿内，与耆老再行一叩礼之后入座就席。

宴会开始，在丹陛清乐声中，茶膳房大臣向皇帝进红奶茶一碗。皇帝饮毕，大臣侍卫等分赐殿内及东西檐下王公大臣茶，饮后茶碗赏归。茶毕，乐止。被赏茶的官员接茶后均行一叩礼，以谢赏茶之恩。这叫作"就位进茶"。

进茶之后，茶膳房首领二人请进金龙膳桌一张，放在宝座前面。茶膳房总管首领太监等送呈皇帝黄盘蒸食、炉食、米面奶子等果宴15品，同时展揭宴幕。执事官也撤下王公等人席幕。御宴上毕，便在丹墀两边摆放梨木桌两张，桌上安放银盂、金勺、银勺、玉酒钟。斟酒之后，执壶内管领相御前侍卫将酒放在皇帝的膳桌上。接着皇帝召一品大臣和年届九旬以上者至御座前下跪，亲赐卮酒。同时，命皇子、皇孙、曾孙为殿内王公大臣进酒，并分赐食品。饮毕，酒钟赐赏。然后，内务府护军人等执盒上

乾清宫《千叟宴图》

膳，分赐各席肉丝烫饭。群臣耆老开始进馔，乐声停止。这时宫内升平署歌人进入，群臣在曲词颂歌声中宴毕。歌人退出，赞礼官谢宴，群臣耆老各行一跪三叩礼，谢赏赐酒馔之恩。皇帝在中和韶乐声中起座，乘舆回宫。

有幸入宫赴千叟宴的老者，纵有千数，可放到整个国家范围内看，毕竟不算太多。未能吃到筵宴的老者，

也有机会得到皇上的赏赐。历史上这种以养老方式安民的做法，并不始于康熙，可以看作是历代统治者的一个传统。《明会典》说，天顺八年（1464年）皇上下诏优遇年龄在90以上的人，每岁要设宴款待一次。明代的养老有比较固定的章程，要定时定量供给衣食。明代设宴招待90老者，可能没有清代千叟宴那样大的规模。

◎ 友情相约：古代宴客请柬

有机会到国外去观光旅行的人，启程前大概
都忘不了打听一下目的地的风土人情，这也是古
人"入境而问禁，入国而问俗"的教化的结果。
如果要去美国，那就不妨读读英汉对照的《美国
风情录》。书中介绍了一些美国的风土人情和
礼仪习俗，特别提到了与中国不同的某些生活方
式，包括如何下饭馆、如何使用叉子，还有宴客
如何邀请和应邀规矩等细节。其中特别提到美国
人正式宴客要发一纸考究的请柬，还列举了几种
请柬的样式，颇给人一种西方文明高我一筹的印
象。

我们应当知道，以发请柬的方式邀客宴饮，
在中国文化中也是一种重要的传统，而且还是一
种十分古老的传统，并不是西方文化所特有的。
如果以是否用请柬来衡量文明发达的程度，那中
国肯定不在西方之下。

我们这里有一张古代请柬的复制件，它的原
件出土自北部边陲的内蒙古黑城遗址。这份请柬
保存较好，纸面长25.8厘米，宽9.8厘米，行体墨
书41字，文字有韵。柬文如下：

谨请贤良

制造诸般品味　　薄海馒头锦妆

请君来日试尝　　伏望仁兄早降

　今月初六至初八日小可人马二

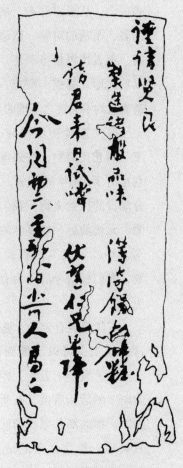

元代宴客请柬
（内蒙古额尔古纳）

主人马二,是一个食店老板。他邀请社会贤达光顾店中,品尝美味佳肴,时间是初六至初八日三天。他这样破费究竟是为了什么,我们暂且不必理会。从柬面看来,格式规范,邀请者、邀请的对象、邀请的内容及时间,都表述得相当清楚。而且柬文还以韵文形式写成,别有一番情趣,被邀者大约不会置之不理的。

据发掘者初步研究,"马二请柬"属元代遗物,按最保守的估计,它也有了650年的历史,这是一件十分珍贵的饮食文物。我们由此可以推测,元代前后一般宴客的请柬,大概与"马二请柬"的程式没有太大区别,我们相信今后还会有这类文书出土。

古代邀客有定期,必得用柬札,这传统至少可以上溯到春秋时代。《左传·哀公十五年》即有"以日中为期"的话,后世又有所谓"鸡黍之约",指的都是柬札的使用。只是岁月久远,年代早些的请柬是何种格式,我们现下还不能确切知晓。从宋代司马光所撰《司马氏书仪》,可以看到宋人柬札的一般格式,主客名姓及约定的时间都要求交代清楚,封皮的书写也有一定之规,不得马虎。

从清代学人的大量著作中,可以看出当时也极流行用请柬邀客的做法,特别是文人雅士,更是十分看重此事。清人较有规模的家宴,也有很正规的请柬,以显其典雅庄重。金昭鉴所撰《酒箴》说:"请客先三日送帖,订期也。"有时也可只提前一日送柬约期,如尤侗《真率会约》说:"越宿单简一约,辰集酉散,不卜其夜。"

由于时代较为晚近,清人留下的柬札例证相当丰富,而且当时就有人做过一些专门的辑录工作,如颜光敏的《颜氏家藏尺牍》和周亮工的《尺牍新钞》即是。兹摘两书数柬于下。

有范印心约友人柬曰:"庭月可中,壶冰入座。豆花雨歇,正宜挥麈之谭;桑落杯深,愿续弄珠之名。敢告前驱,布席扫室以俟。"触景生情,联句畅饮,对于文人墨客来说,实为人生一大快事。

又有王仕云柬曰:"天气虽暑,礼不宜迟,已戒庖矣。确于二十五日,治具送颜先生旅次,借重道翁主爵。弟日来下体结燥,苦不可言,不能陪侍奈何。穆翁先生我师。弟仕云顿首。"本心想一展师友之情,自己因病又不能出席,请一个体面的陪客,也是不得已而为之。

还有一例胡介致周亮工柬,别具一种情趣:"草野荒寒,从不敢作地主饮。明日已订林铁翁与一二同学,追随先生，作竟餐盘礴。道驾幸早过荒斋，并携卧具来。瓦盆木榻，贫家风味，亦不妨亲历之耳。"

看这样子，虽不一定有美酒佳肴，却也要大饮大嚼一番。柬中还特意嘱客带上铺盖卷，也许是戏语，或者真的要准备作长夜之饮。

约客有柬，辞宴有柬，古代还有谢宴柬，在此恕不一一列举。这些都明白证实，宴客具柬，是中国古代知识界的一个古老的传统。到了今天，在一些官方场合和某些范围的人际交往中，中国人依然使用比较正规的柬邀客赏宴。这显然不是西方文化影响的结果，恐怕更主要的还是我们自己的饮食文化传统的体现。

◎太官：古代宫廷的食官

历代王朝文武百官中，少不了食官，他们主要参与宫廷膳食的管理。食官虽然文不足以治国，武不足以安邦，但常常被看作是最重要一类的官职，《周礼》将食官统归"天官"之列便是证明。汉代以后的"大官"或"太官"，名称正源于天官，都是宫廷食官。

称食官为天官，与"食为天"的观念正相吻合。周官中的天官主要分宰官、食官、衣官和内侍几种，其中宰官为主政之官，食官在天官中的位置仅次于宰官。宫中的食官就是为帝王准备膳食的御厨，他们的活计关乎一国之主的健康乃至性命，他们的重要性不言而喻。

虽然帝王同常人一样，也只有小嘴一张，但为这张嘴服务的御厨却委实不少。历来御厨知多少？根据《周礼》的叙述，周代时御厨定员2294人，周王御膳之丰盛，于此可想而知。

这些御厨，虽然个个身怀绝技，却也并不是都要上灶炒菜的，他们的分工非常细致，各司其职。食官中又分膳夫、庖人、内饔、外饔、烹人、甸师、兽人、鳖人、腊人、食医、酒正、酒人、浆人、凌人、笾人、醢人、醯人、盐人、幂人等二十余种。周代以膳夫为食官之长，是总管，他还要负责周王的饮食安全，在王准备拿筷子和勺子之前，他要当面尝一尝每样馔品，使王觉得没什么毒害后放心进食。不论是宴宾还是祭祀，王所用食案都由膳夫摆设和撤下，别人不能代劳。

139

北周庖厨俑（陕西咸阳）

内饔掌割烹煎和之事，辨动物体名肉物，辨百品味物料，负责食材的选择，制定周王每日食谱。特别还要辨清那些腥、膻、臊、香之不适于饮食者，不能倒了王与后的胃口。真正上灶的是烹人，烹人直接主持灶事，主要负责"大羹"、"铏羹"的烹制，这两种羹既用于祭祀，也用于招待宾客。醢人负责酸菜盐菜的泡制，盐人则掌管食盐的供给。还有幂人的设置是比较特别的，他们其实只是准备一些布巾把那些吃的喝的盖好就行了。这种职掌可算最轻松的，却用31人主其事，除为了饮食卫生外，更主要是出于礼仪要求。

周代食官的设置，在事实上虽不一定尽如《周礼》所述，但这种制度的影响却十分深远，历代朝廷都有相当规模的专门机构操办王室饮食，从

这些机构都可看到《周礼》的影子。如在汉代，按《汉书·百官公卿表》所述，汉承秦制设少府，有六丞，属官有尚书、符节、太医、太官、汤官、导官，又有胞人、都水、均官三长丞，其中太官、汤官、导官、胞人均为食官。按颜师古所注，太官主膳食，汤官主饼饵，导官主择米，胞人主宰割（胞与庖同），分工相当明确。东汉时又稍有不同，据《后汉书·百官志》说，有太官令一人，六百石，职掌御膳，另设左丞、甘丞、汤官丞、果丞各一人，左丞主饮食，甘丞主膳具，汤官丞主酒水，果丞主果食。

魏晋时代，太官隶属光禄勋管理。《三国志·魏书·魏文帝本纪》说，"黄初元年（220年）十一月癸酉，改郎中令为光禄勋"。《晋

书·职官志》则明言太官等统领于光禄勋。光禄勋之名非常特别，应是一个约定简称，据《宋书·百官志》所说，"光，明也；禄，爵也；勋，功也。秦曰郎中令，汉因之"。

南朝刘宋时代，改以大司农掌供膳羞，光禄不领太官，太官又属侍中。《宋书·百官志》所说："大司农一人、丞一人，掌九谷六畜之供膳羞者。"又有导官令一人、丞一人，掌春御米；太官令一人、丞一人，即为周官之膳夫。南齐时的太官令也不隶光禄，属起部所辖。而至萧梁时，太官令又直隶门下省。

北朝制度不同，据《通典》说，北魏分太官为尚食中、尚食，知御膳，隶门下省，而太官掌百官之馔，属光禄卿。北周仿《周礼》制度，设肴藏中士下士、酒正中士下士、掌醢中士下士、典庖中士、内膳中士、尚膳上士中士。北齐的情形见于《隋书·百官志》的记述，它恢复以光禄寺掌膳食的成例，而门下省还有尚食局，机构重叠。光禄寺置卿、少卿、丞各一人，各有功曹、五官、主簿、录事等员，"掌诸膳食、帐幕、器物、宫殿门户等事，统守宫、大官、宫门、供府、肴藏、清漳、华林等署"，这是一个相当完善的后勤保障系统。门下省的尚食局设典御二人，专掌御膳事。

隋代设光禄寺，置卿、少卿各一人，丞三人，主簿二人，录事三人，统领太官署、良酝署、掌醢署等。各置署令，太官令三人，肴藏、良酝署令各二人，掌醢令一人。又有丞、太官丞八人，肴藏、掌醢丞各二人，良酝丞四人。太官又有监膳十二人，良酝有掌酝五十人，掌醢署有掌醢十人。

唐代大体承袭隋时制度，机构又有完善。据《新唐书·百官志》记载，唐设光禄寺，"掌酒醴、膳羞之政，总太官、珍羞、良酝、掌醢四署"。四署职掌大略如下：

太官署置令二人、丞四人，掌供祠宴朝会膳食。官员有府四人、史八人、监膳十人、监膳史十五人、供膳

唐代擀饼女俑（新疆吐鲁番阿斯塔那）

二千四百人、掌固四人。

珍羞署置令一人、丞二人，掌供祭祀、朝会、宾客之庶羞，还有榛、栗、脯、脩、鱼、盐、菱、芡等的供应。有府三人、史六人、典书八人、饧匠五人、掌固四人。

良酝署置令二人，丞二人，掌供五齐三酒郁鬯，供御有春暴、秋清、酴醿、桑落之酒。有府三人、史六人、监事二人、掌酝二十人、酒匠十三人、奉觯百二十人、掌固四人。

掌醢署置令一人、丞二人，掌供醯醢之物。有府二人、主醢十人、酱匠二十三人、酢匠十二人、豉匠十人、菹醢匠八人、掌固四人。

辽代仿唐制设光禄寺，统领诸署。曾改光禄寺为"崇禄寺"，为避辽太宗耶律德光之讳。

到宋代仍称光禄寺，设卿一人，主掌"祭祀、朝会、宴飨、酒醴、膳羞之事，修其储备而谨其出纳之政。"据《宋史·职官志》说，宋时光禄寺机构名称变化较大，职权范围有些调整，具体情形如下：

太官令"掌膳羞割烹之事，凡供进膳羞，则辨其名物而视食之宜，谨其水火之齐，祭祀供明水明火，割牲取毛血牲体以为鼎俎之实；朝会宴飨则供其酒膳"。

法酒库内酒坊"掌以式法授酒材，视其厚薄之齐，而谨其出纳之政。若造酒以待供进及祭祀、给赐，则法酒库掌之。凡祭祀，供五齐三酒以实尊罍，内酒坊惟造酒以待余用"。

大官物料库"掌预备膳食荐羞之物，以供大官之用，辨其名物而会其出入"。

翰林司"掌供果实及茶茗汤药"。

乳酪院"掌供造酥酪"。

油醋库"掌供油及盐豉"。

外物料库"掌收储米盐杂物，以待膳食之需"。

金代时不设光禄寺，以宣徽院统领尚食局、生料库、尚酝署，置提点等员；酒坊使隶属太府监。据《金史·百官志》说，提点"掌总知御膳，进食先尝，兼管从官食直"。生料库"掌给受生料物色"，收支库"掌给受金银裹诸色器皿"，尚酝署"掌进御酒醴"，太府监酒坊使"掌酝造御酒及支用诸色酒醴。"

元代又立光禄寺，仍隶属宣徽院。《元史·百官志》说："宣徽院秩正三品，掌供玉食"，统掌粮谷、牲禽、酒醴、蔬果各物，下设尚食、尚药、尚酝三局。《元史·世祖本纪》说：至元五年（1268年）夏五月辛亥朔，"以尚食、尚果、尚酝三局隶宣徽院"，至元十五年夏四月辛未，置光禄寺以同知宣徽院事"；至元二十二年，又设立供膳司。元代宫廷膳食管理机构较为完善，职掌分明，大体情形如下：

大都尚饮局，掌酝造皇帝享用的细酒。

大都尚酝局、上都尚酝局，掌酝造诸王百官酒醴。

大都醴源仓，掌受香莎苏门等酒材、糯米、乡贡曲药，"以供上酝及岁赐诸王百官者"。

上都醴源仓，掌受大都转输米曲，"并酝造车驾临幸次舍供给之酒"。

尚珍署，掌收济宁等处粮米，以供酝造之用。

尚食局，"掌供御膳及出纳油面酥蜜诸物"。

大都生料库，至元十一年（1274

元代壁画上的厨师

年）置"生料野物库"尚食局。

上都生料库，"掌受弘州、大同、虎贲、司农等岁办油面，大都起运诸物供奉内府放支宫人宦者饮膳"。

大都大仓、上都大仓，"掌内府支持米豆及酒材米曲药物"。

沙糖局，"掌沙糖、蜂蜜煎造及方贡果木"。

永备仓，"掌受两都仓库起运省部计置油面诸物，及云需府所办羊物，以备车驾行幸膳羞"。

丰储仓，"掌出纳车驾行幸支持膳羞"。

满浦仓，"掌收受各处子料米面等物，以待转输京师"。

龙庆栽种提举司，管领龙庆州岁输粮米及易州、龙门、官园瓜果桃梨等物，以奉上供。

明代时的宫廷膳食机构，基本仿照唐时制度，设光禄寺。《明会典》说，明开国之初置宣徽院尚食、尚醴二局，继而改称光禄寺，专掌膳羞享宴等事。《春明梦余录》说光禄寺属署有四：太官、珍羞、良酝、掌醢，另有司牲司牧二局。太常寺也兼办部分膳食事务，与光禄寺有明确分工。依《明会典》所录，祭先所用荐新品物，主要由太常寺办送，如正月韭、荠、鸡、鸭，二月芹、苔、子鹅，三月茶、鲤、鲜笋等。凡正旦节、立春节、清明节、佛诞节、端午节、七夕节、中元节、重阳节、冬至节、腊八节、每月朔望、万寿圣节、皇太后圣旦节、皇后令旦节、东宫千秋节、奉先殿祭祀所需膳食，均由光禄寺办进。光禄寺的职责还有以下各项：

节令文武百官例宴；

祭典参与者的汤饭、酒饭；

庆成宴、修书宴、恩荣宴、东宫讲读酒饭；

每旬轮赐日讲官烧鹅、面饼、早朝文武官早点、犒劳大臣羊酒、疾病赐米肉酱菜等。

明代太官署厨役每朝有额定数目，嘉靖时为四千一百名，一般为三千名左右，隆庆时额定为一千三百七十七名，属于较少的配置。仁宗时厨役较多，为六千三百余名；最多为宪宗时，多达近八千名。

到了清代，光禄寺的建制与明代基本相同，《大清会典》记光禄寺仍设太官、珍羞、良酝、掌醢四署，各署分工相当具体，如：

凡每月奉先殿荐新，正月鸭蛋、四月笋鸡、五月笋鹅、七月笋雉、八月野鸡、九月鸿雁、十一月银鱼、十二月活兔，珍羞署供；二月芸苔菜、茼蒿菜、水萝卜，三月王瓜、四月茄子、五月香瓜、六月西瓜，太官

署供；四月蕨菜，掌醢署供。

凡每年万寿节宴俱设满桌，每桌用白馓枝、红馓枝、麻花鸡蛋、麻花芝麻、面枣、瓦陇蜜、大砺石、粗江豆、细江豆、红印饼、芝麻三角、芝麻砺石、方酥饼、芝麻饼、白花点子饼、夹皮饼、白米绦环、油炸小饼、鸡蛋角子、煮鸡蛋共二十盘，鹅一只，珍羞署供；八宝糖、冰糖大缠、龙眼、栗子、晒枣、榛子、鲜葡萄、核桃、苹果、黄梨、红梨、棠梨、柿子、蜜饯、山里红、山葡萄糕、枸杞糕、干梨面、豆粉糕等共二十盘，掌醢署供；乳酒、烧酒、黄酒，良酝署供。凡文武会试上马、下马等宴，俱用汉桌。上桌用肉馔十六碗，中桌十四碗、下桌十二碗，太官署供；上桌用鹅、鸡、鸭、鱼七碗，中桌用鸡、鸭、鱼六碗，下桌用鸡、鱼三碗，每桌花卷一碗、蒸包一碗、馒首一碗、每官汤三碗、茶三钟，珍羞署供；酒三钟，良酝署供；果品八色，掌醢署供。但照礼部来文备办。

凡文武会试恩荣宴、会武宴，大臣官员、进士所用上桌、中桌猪肉菜蔬，大官署供；上桌宝妆大锭小锭、大馒首、小馒首、糖包子、蒸饼、鹅鸡各一只，鹅鸡肉各一盘，中桌宝妆中锭小锭、夹皮饼、圆酥饼、白花饼、中馒首、糖包子、腌鱼一尾、鸡

一只、每官一员汤三碗，珍羞署供。上桌羊半体、前蹄一个、羊肉二盘、每官一员酒七钟，中桌牛肉二方、羊肉二方、炒羊肉一盘、每桌酒七钟，良酝署供；上桌大宝妆花、小绢花、果品、小菜、米糕，中桌小绢花、呆品、小菜，掌醢署供。

各署厨役有定额，光禄寺总共有400多人，分拨各署执厨。康熙时裁减100多人，只剩250人左右，比起明代时算是少多了。

光禄寺尽管设在禁中，直接为帝王服务，有时管理也相当混乱，问题不少。明代嘉靖皇帝就抱怨御膳水平太差，气得要查伙食账。余继登《典故纪闻》卷十七说：

嘉靖时，光禄岁用银计三十六万，世宗以为多，疑有乾没。乃谕内阁："今无论祖宗时两宫大分尽省，妃嫔仅十余，宫中罢宴设二十年矣。朕日用膳品，悉下料无堪御者，十坛供品，不当一次茶饭。朕不省此三十余万安所用也？"阁臣对："祖宗时，光禄寺除米豆果品外，征解本色岁额，定二十四万。彼时该寺岁用不过十二三万，节年积有余剩。后加添至四十万，近年稍减，乃用三十六万。其花费情弊可知。而冒费之弊有四：一、传取钱粮，原无印记，止凭手票取讨，莫敢问其真伪；一、内外各衙

明代宫厨腰牌（北京出土）

门关支酒饭，或一人而支数份者，或其事已完而酒饭尚支者；一、门禁不严，下人侵盗无算；一、每岁增买磁器数多。臣查得《会典》内一款：凡本寺供用物件，每月差御史一员照刷具奏，内府尚膳监刊刻花拦印票，遇有上用诸物，某日于光禄寺取物若干，用印钤盖，照数支领进用。本寺仍置文簿登记，终岁会计稽查。此一例不知何年停罢，若查复旧规，则诸弊可革矣。"乃切责该寺官，而添差御史月籍该寺支费进览。

手脚做到了皇帝身上，这胆子可真够大的了。清代也有类似作弊行为，《清宫述闻》引《南亭偶记》说："光绪每日必食鸡子四枚，而御膳房开价至三十两。"鸡蛋比银子贵重，心也够黑的。在皇上的脑袋里，鸡蛋大约应当是这个价钱，乾隆皇帝就以为一个鸡蛋得用十两银子才买得到，事见《春冰室野乘》：

乾隆朝汪文端公由敦，一日召

见，上从容问："卿味爽趋朝，在家亦曾用点心否？"文端对曰："臣家计贫，每晨餐不过鸡子数枚而已。"上愕然曰："鸡子一枚需十金，四枚则四十金矣。朕尚不敢如此纵欲，卿乃自言贫乎？"文端不敢质言，则诡词以对曰："外间所售鸡子皆残破不中上供者，臣能以贱值得之，每枚不过数文而已。"

皇上就这样一而再，再而三地被蒙在鼓里，忍受着臣下的愚弄。置办御膳虽有很多机会揩油，从皇上口中捞到不少好处，但并不是所有官员都那么垂涎那个职位的，宋代钱易的《南部新书（丁）》提到唐玄宗时的王主敬，就十分不乐意到任膳部员外一职，书中说：

先天中（712～713年），王主敬为侍御史，自以为才望华妙，当入省台前列。忽除膳部员外，微有惋怅。吏部郎中张敬忠咏曰："有意嫌兵部，专心望考功。谁知脚蹭蹬，却落省墙东。"盖膳部在省最东北隅也。

当然，光禄寺忠于职守者也是有的，《春明梦余录》提到明代的蔚能和郑崇仁两位便是：

光禄卿蔚能，朝邑人，于成化初（1465年）以吏员为礼部侍郎管光禄卿事，尽心职事。每宴会，躬自检视，必求丰洁。在光禄三十年，未尝持一肴还家。

郑崇仁于正德中（1506～1521年）以太仆卿调光禄卿，凡供应俱照弘治初年（1488年）例，日省百金。上幸光禄寺楼，呼之为"节俭管家"。

对光禄寺的管理，皇帝不可能不过问，明宣宗就曾下过很大力气，为此作有一篇《光禄寺箴》，对其职掌、要求都有明确的言辞。这篇箴言也是对历代光禄寺作用的一个概括描述，所以我们特抄录在这里：

周官膳庖，实肇光禄。
汉列九卿，唐总四属。
国朝建置，率循勿易。
享祀宾燕，咸其所职。
先王之礼，丰俭有宜。
惟敬惟诚，仪式行之。
粢盛必备，牺牲必洁。
执事有恪，俨乎对越。
群贤在朝，四裔会同，
廪之饩之，必精必丰。
朝夕膳羞，必谨恒度，
毋俭公费，而纵私餽；
毋骄奢侈，毋肆暴殄；
毋作愆过，以蹈常典。
正己率下，咸宜慎之，
用永终誉，光我训辞。

伍

美食美器佳境

> 造器之初，为食所用。土陶铜瓷，莫不如是。
>
> 器美增食味，佳境添食色，美食美器佳境，相得益彰。

◎红与黑的畅想：彩陶食器

据最新公布的研究成果，中国陶器的出现，可以早到两万年前。到了距今一万年前后，南北区域的制陶技术发展已经相当成熟。在经过约两千年的发展以后，陶器制作就达到很高水平，精制的彩陶出现了。彩陶不宜做炊器，可以做水器和食器等，一些大型彩陶器应当是在特定场合使用的饮食器。

彩陶是史前时代最卓越的艺术成就之一，是人类艺术史上的一块丰碑。在中国最早对陶器进行彩绘装饰的，是白家村文化居民，尽管当时的

彩陶还只有非常简单的图案，色彩也比较单一。后来的仰韶文化居民大大发展了彩陶艺术，马家窑文化居民将这艺术的发展推向了顶峰，制作出许多精美的彩陶作品。新石器时代彩陶是史前人审美情趣的集中体现，也是史前艺术成就的集中体现，有些研究者特别称之为"彩陶文化"。

黄河流域是世界上的彩陶发祥地之一。由于黄土地带的土质呈黏性，色纯，用它制成的陶器对彩绘来说是十分理想的底色。因此，生活在渭水流域黄土塬上的新石器时代先民最先

白家村文化最早的彩陶

半坡文化鱼纹彩陶盆

在陶器上施用了彩色。以黄土地带为主要分布区的仰韶文化，它的彩陶在中国新石器时代彩陶中占有十分重要的地位。仰韶文化前期彩陶以红地黑彩为主要特色，纹饰多为动物形及其变体，具有浓厚的写实风格。还有不少几何形纹饰，纹饰线条多采用直线，纹饰复杂而繁缛，代表了黄河流域彩陶的主流。后期又出现了白衣黑彩，依然能见到写实图案母题，更多见到的是花瓣纹与垂弧纹等，纹饰线条多采用弧线，纹饰比较简练。

马家窑文化彩陶壶

半坡居民和庙底沟居民的彩陶都盛行几何图案和象形花纹，纹样的对称性较强。发展到后来，纹饰格调比较自由，内容增多，原来的对称结构发生了一些明显变化。半坡居民的彩陶流行用直线、折线、直边三角组成的几何形图案和以鱼纹为主的象形纹饰，主要绘制在钵、盆、尖底罐和鼓腹罐上。象形纹饰有鱼、人面、鹿、蛙、鸟和鱼纹等，鱼纹常绘于盆类陶器上，被研究者视为半坡居民的标志。鱼纹一般表现为侧视形象，有嘴边衔鱼的人面鱼纹、单体鱼纹、双体鱼纹、鸟啄鱼纹等。在有的器物上，写实的鱼、鸟图形与三角、圆点等几何纹饰融为一体，彩纹富丽繁复，寓意深刻。

大汶口文化彩陶豆

庙底沟居民的彩陶常见于盆、钵和罐，增加了红黑兼施和白衣彩陶等复彩，纹饰显得更加亮丽。彩绘的几何纹以圆点、曲线和弧边三角为主，图案显得复杂繁缛，其中以研究者所称的"阴阳纹"彩陶最具特色。庙底沟几何纹彩陶主要表现为花卉图案形式，它是庙底沟彩陶的一个显著特征。庙底沟彩陶的象形题材主要有鸟、蟾和蜥蜴等，不见半坡彩陶的鱼纹。鸟纹占象形彩陶中的绝大多数，鸟形的种类有燕、雀、鹳、鹭等。鸟姿多样，有的伫立

半坡文化人面鱼纹彩陶盆

庙底沟文化旋纹彩陶盆

张望，有的振翅飞翔，还有的伺机捕物或奋力啄食。

发现彩陶数量最多的是马家窑文化，出自黄河上游地区的彩陶色彩鲜丽，常常是红、褐、黑、白数彩并用。彩陶纹样也十分丰富，见到相当复杂的图案组合形式，常见的纹样有涡纹、波纹、同心圆、平行线、网格纹、折线、齿带纹等，陶工手下的彩绘线条流畅多变，具有较强的动感。

大汶口文化的彩陶在数量上发现不能算多，但所用色彩比较丰富，有黑、白、红、赭诸色。纹饰构图倾向于图案化，纹样有网格纹、花瓣纹、八角星纹、折线、涡纹，全部为几何形纹饰。有些纹饰与仰韶文化有一定的联系，表现出两种文化之间的一种特别的关系，如两者的花瓣纹就非常相像，不是行家是难以将它们区分开的。

彩陶不仅仅是将粗糙的陶器变得多姿多彩了，丰富的纹饰也不是陶工们随心所欲的作品，而是那个时代精神的表露，是人类情感、信仰的真情流露。考古已经发现了许多新石器时代的彩陶艺术珍品，它们的纹样有的让我们一看便似乎能明了其中的意义，有的却又让我们百思不得其解，任你众说纷纭，它依然还是一个个未解之谜。例如仰韶居民在彩陶上描绘的人面鱼纹，在关中和陕南地区都有发现，基本构图都比较接近，圆圆的脸庞，黑白相间的面色，眯缝的眼，大张的嘴，尖尖的帽子，左右有鱼形饰物。这人面鱼纹的含义，就深藏着一个远古之谜。

◎饕餮狰狞：青铜饮食器

青铜时代在贵族阶层主要使用青铜器做饮食器具。青铜炊煮器主要有鼎、甗、鬲三种，都是新石器时代就有的器形。其中鼎又是重要的盛食器，有方形和圆形两种。殷墟妇好墓还出土过一件汽锅，中间有一透底的汽柱，柱顶铸成镂空的花瓣形，十分雅致。这类汽锅可能在商代前就发明了，它本身代表着一种高水平的烹饪技巧，说明人们对蒸汽早就有了深入的认识。商代的盛食器有圆形的簋和高柄的豆，水器则有盘、缶和罐等。酒器有饮酒的爵、觚，盛酒的觥、尊、方彝、壶等。一般的庶民阶层所用器皿大多为陶制，但造型却与青铜器相似，他们死后，照例少不了在墓中随葬一两件陶爵陶觚等酒器，以表明他们饮酒的嗜好。

商代以至西周初期，青铜器的装饰纹样始终以动物图案为主体特征，这些动物包括犀、鹗、兔、蝉、龟、鱼、鸟、象、鹿、蛙、牛、水牛、羊、熊、马和猪，与人本身都存在着深浅不同的联系，大部分都是可食用的动物。有些铜器还直接塑铸成某种动物的形状，称为"牺尊"，更显出

商代司母戊铜鼎（河南安阳）

商代铜卣

一种威严庄重的风格。动物纹中还有一些实际生活中并不存在的主题，如夔、龙、虬及饕餮等。所有铜器纹饰几乎都环绕器身一周，构成对称连续的纹样。人们指的另一类饕餮纹，往往便是两个相同动物形首面相抵而合成，十分精妙。

西周早期的青铜饮食器具，基本都是商代同类器的沿袭，造型上没有多大改变，用途也基本相同。西周中晚期，不论器物的种类还是造型，都出现了一些明显的变化，尤其是编钟的出现，最终确立了贵族们钟鸣鼎食的格局。西周时贵族阶层中还十分流行一种铜温鼎，这既可看作是炊具，更是一种食器。这种鼎容积不大，高一般不过20厘米，鼎下还有一个盛火炭的铜盘。还有一种习惯上称为方鬲的铜器，下面也有一个容炭的炉膛，与温鼎用途相同。这种鼎和鬲主要当是用于食羹的，羹宜热食。它只供一个人使用，所以体积不用太大，与现代小火锅颇有相似之处。

考古所见商周青铜器，它们的造型、装饰，多给人庄重神秘的感觉。它们多是用于各种祭典中通神的礼器。

只要稍稍留意，在一些尚存的古代建筑中，甚至在一些新构的仿古建筑中，那显得有些威严的大门上，都安装着一对门环，门环是被一个狰狞的兽面用嘴衔着的。用兽面作为装饰，在中国远不止限于门环，从稚儿的鞋帽，到武士的腹甲，类似兽面无所不在。

以兽面为装饰纹样的传统十分久远，足有四五千年之久。

这兽面或称为饕餮。据《吕氏春秋·先识览》说："周鼎著饕餮，有首无身，食人未咽，害及己身，以言报更也。"周代青铜鼎，当然也不只限于鼎，包括其他各类青铜器，都著有这种饕餮图案。这饕餮纹便是兽面纹，铸成不同种属的兽首之形。

饕餮，传说本是恶人称号。《史记·五帝本纪》云："缙云氏有不才子，贪于饮食，冒于货贿，天下谓之饕餮。天下恶之，比之三凶。"这么说来，饕餮乃是缙云氏不肖之子的绰号，因贪冒而有是名。传说缙云氏本为黄帝的属官，舜帝时华夏部落联盟发生破裂，缙云氏的支族后裔饕餮氏被流放到边远地区，往东的到达今山东和浙江地区，往西的则到达今四川地区。《神异经》上便说西南就有"性狠恶好息，积财而不用，善夺人谷物"的恶人饕餮。青铜器上的饕餮图案是否即为饕餮氏的象征，现代学者们的意见并不一致，也许多少有些关联。

《吕氏春秋》说"周鼎著饕餮"，饕餮作为变化多端的兽面纹，并不只见于周代的铜器，实际上此类装饰更盛于商代，而且多饰于饮食器具。这些兽面图案或呈有鼻有目、裂口巨唇之形，或呈两眉直立、两眼圆睁之形。商代铜器的兽面纹都装饰在器物的主体部位，形体较大，而周代时则明显缩小，较多地装饰在器物的附属件部位，如足部和耳部。

再往前追索，在早于商代的遗物上也能发现饕餮纹装饰。晋人郭璞就曾推断饕餮"像在夏鼎"。关于夏代的遗迹，考古学家们还没有完全确认，但相当于那个时代的遗物应当说已经发现了不少。人们从出土物中见到的情况是，那时铸造的铜器数量不多，形体也比较小，一般很少有纹饰，只在某些玉器上见到过简略的兽面纹，远不能和商周时代的相提并论。

引起考古学家和美学史家关注的是，在盛行兽面纹装饰的中原以外地区，却发现了更为古老的兽面纹。这些标本都出自东部沿海地区，所不同的是，那里的兽面纹大都琢刻在精美的玉器上，有些残碎的陶器破片上似乎也有这种纹饰。那个时代通常以为还没有使用铜器，至少迄今还没有发现确属于那个时代的铜容器。

商代妇好鼎（河南安阳）

西周铜簋（陕西扶风）

西周象形尊（陕西宝鸡）

长江三角洲地区和杭州附近发现了许多良渚文化玉器，这些玉器不仅有新颖独特的造型，叫人难以一一推断出它们的用途，而且琢有精美神秘的浮雕图案纹饰。所见纹饰最为精巧的是神人兽面，人首上有宽大的高冠，人面宽鼻龇牙；人身胸腹部琢一大型兽面装饰，圆睁大眼，亦是阔嘴宽鼻的模样，肃穆威严之至。这兽面常常单独装饰在其他玉器上，有时简化到只有双眼和大嘴。它被一些考古学家认定为良渚人的族徽，与商文化所见的饕餮纹风格颇有相似之处，都是一样的狰狞，一样的凛厉，而前者的年代却至少要早出500年。

在山东日照两城镇龙山文化遗址，1963年出土了一件磨制平薄而光滑的玉锛，其上部的正反两面，均以十分流畅的线条琢刻了一个神面形象，其年代距今约为4000年以上，与良渚文化相当。类似玉器在过去也曾出土过，但大多流散到了国外。

这样的事实，便使人们不得不作出一个大胆的推论：饕餮纹本流行于东方沿海的原始部落，夏商文明中所见的同类纹饰是吸收了东方传统的结果。饕餮东来，预示着一个灿烂青铜文明时代的到来。

一个普通的青铜器皿，尽管外表光滑，造型奇巧，它也不易给人带来更多的联想。可一旦装饰上各类纹饰，就会让人产生难以言尽的感受，不仅仅只是显而易见的美的感受。更不用说装饰了饕餮纹，它既使人感到庄严、神秘和变幻莫测，也使人感到一股强有力的威慑力。不是吗？就因为这被美学家称为"狞厉的美"的饕餮纹，不知使多少古今学者绞尽脑汁，也难确知其含义究竟何在。

宋代金石学家以为青铜食器著上饕餮之像，为的是"垂鉴后世"、"以戒其贪"，以防变成上古饕餮氏者流。古时对那些贪吃的人，世人鄙称之为饕餮。古人以贪财为饕、贪食为餮，不过常常区分并不十分严格。东坡先生著名的《老饕赋》，老饕之名，便有贪食之意，当然文人以老饕自称，往往有现在的"美食家"一词的含义。近年来，有些学者对铜器著饕餮为戒贪的说法提出质疑，主张将饕餮纹纳入宗教巫术范畴来讨论，认为它最初是人们用于象征武勇精神的，同时古人又以为它具有辟邪的威力，是正义的标志。

◎流光溢彩：秀美的漆器

早在新石器时代，人们将多变的色彩引入到饮食生活当中，制成了彩陶饮食器具。彩陶衰落了，在青铜器时代到来的同时，漆器时代也开始了。漆器工艺在夏商时代就已发展到相当高的水平，到东周时上层社会使用漆器已相当普遍。秦汉之际，漆器制作便已达到历史的顶峰，漆器已成为中等阶层的必需品。大约从战国中期开始，高度发达的商周青铜文明呈衰退之象，这与漆器工艺的发展恐怕不无关系。人们对漆器的兴趣，高出铜器不知多少倍，过去的许多铜质饮食器具大都为漆器所取代。

战国至两汉之际流行使用漆器。制漆原料为生漆，是从漆树割取的天然液汁，主要由漆酚、漆酶、树胶质及水分构成。生漆涂料有耐潮、耐高温、耐腐蚀功能。漆器多以木为胎，也有麻布做的夹纻胎，精致轻巧。漆器有铜器所没有的绚丽色彩，铜器能作的器形，漆器也都能作出。长沙马王堆三座汉墓出土漆器有700余件之多，既有小巧的漆匕，也有直径53厘米的大盘和高58厘米的大壶。漆器工艺并不比铜器工艺轻简，据《盐铁

战国漆豆（湖北随州）

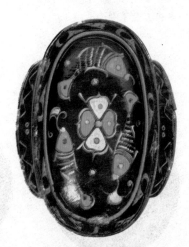

战国漆耳杯

西汉漆壶（湖南长沙）

汉代漆盘（湖南长沙）

论·散不足篇》记载，一只漆杯要花用百个工日，一具屏风则需万人之功，说的就是漆工艺之难，所以一只漆杯的价值超过铜杯的十倍有余。漆器上既有行云流水式的精美彩绘，也有隐隐约约的针刺锥画，更珍贵的则有金玉嵌饰，装饰华丽，造型优雅。漆器虽不如铜器那样经久耐用，但其华美轻巧中却透射出一种高雅的秀逸之气，摆脱了铜器所造成的庄重威严的环境气氛。因此，一些铜器工匠们甚至乐意模仿漆器工艺，造出许多仿漆器的铜质器具。

中国漆器工艺经历代发展，达到很高水平。唐代漆器达到了空前的水平，有堆漆器，有螺钿器，有金银平脱器和剔红漆器。两宋至明清时期漆器更有一色漆、罩漆、描漆、描金、堆漆、填漆、雕填、螺钿、犀皮、剔红、剔犀、款彩、炝金、百宝嵌等工艺。炝金、描金等漆工艺，对日本等地的漆器业产生过很大影响。

清代描金漆盘

清代罗钿漆盘

◎富贵之象：金银饮食器

将黄金白银制成饮食器具，其历史虽然可以上溯到2500年以前，然而它的发展却相当缓慢，这主要是由于金银的稀有和珍贵。直到进入唐代，金银器的制作和使用才在上层社会得到普及，甚至形成一股不小的风潮。

早在西汉时期，方士李少君就曾建议汉武帝刘彻用黄金制作饮食器皿，说"黄金成，以为饮食器则寿。溢寿则海中蓬莱仙人可见，见之封禅则不死"（《史记·武帝纪》）。这种以金银器求长生不死的思想，也本能地为唐代统治者所接受。既能满足骄奢淫逸的生活，又能满足保命千秋的心理，于是金银器便成了统治者们营求不倦的法宝。

唐代长安设有相当规模的官办金银作坊院，从各地以徭役形式征调许多技艺熟练的工匠，制成大量金银器，充斥社会生活的许多方面。统治者常以贵重的金银器作为赏赐，用以笼络人心。如翰林学士王源中与其

战国金盂（湖北随州）

北周李贤墓随葬的西
域鎏金银壶

唐代金杯（陕西西安）

唐代錾纹银杯（陕西西安）

兄弟们踢了一场球，文宗皇帝李昂一时兴起，一次便赐给他美酒两盘，每盘上置有十只金碗，每碗容酒一升，"宣令并碗赐之"，不仅赐酒，连盛酒的二十只金碗也一起赐给了王源中等人。玄宗李隆基更是慷慨，他曾因为有人为他敲了一阵羯鼓，而赐给那人金器一整橱；又因为有人为他跳了一曲醉舞，而赐给那人金器五十物。高宗李治想立武则天为皇后，不料宰相长孙无忌屡言不妥，于是"帝乃密遣使赐无忌金银宝器各一车，绫绵十车，以悦其意"（《旧唐书·长孙无忌传》）。悄悄地用这么多金银财宝送人，这不大像是赏赐，实际是行贿。皇上贿赂大臣，历史上还真不多见。

臣下为升官邀宠，常常要向皇帝贡奉大批金银器皿，而且在这些器皿上镌有进贡者的姓名和官衔。每逢大年初一，皇上命人将这些贡品陈设于殿庭，作为考查官吏政绩的重要依据。这样做的结果，使得各地官吏肆意搜刮民财，竞相打造金银器进奉。大臣王播在被罢却盐铁转运使一职后，为谋求复职，他广求珍异进奉。敬宗李湛给他复职后，他在进京朝见时，一次就进奉给敬宗大小银碗3400件，结果又被加封为太原郡公。

几十年来，从地下出土的唐代金银器已有千件以上，其中以都城长安遗址附近所见最多，应了文献上记载的事实。有许多金银器皿都是被作为窖藏埋入地下的，大多是因为意外的事变使得主人没有可能再将它们挖掘出来。有时一个埋藏地点可发现200多件精美的器具，数量相当惊人。

出土的金银器皿中，大多为饮食用具，主要有盘、碟、碗、杯、茶托、盆、酒注、壶、罐、盒等。这些器皿大多都装饰有精美的纹饰，工艺水平极高。其中有一些银器刻饰鎏金花纹，尤为精巧，称为"金花银器"，这是唐代以前未曾出现的新兴金银工艺佳品。

1970年西安南郊何家村发掘出一座唐代窖藏，一次就出土金银器270件，其中碗62件、盘碟59件、环柄杯6件、高足杯3件、铛4件、壶1件、锅6件、盒28件、石榴罐4件、盆6件、罐6件等，绝大部分都是饮食用具，是一次空前的发现。在其他地点的一些唐代墓葬中，也见到一些随葬的金银器，证实唐代上层社会生活中普遍使用过金银器皿。

隋唐时代的饮食器皿，比较珍贵的除了金银制品外，还有玉石、玛瑙、玻璃和三彩器。有一些玻璃器可能是西域来的商品，唐人诗句中的"夜光杯"，大约也属这类玻璃器。如王翰《凉州词》："葡萄美酒夜光杯，欲饮琵琶马上催。"葡萄酒和夜光杯，作为异国情调很受唐人推崇。《杨太真外传》说，杨贵妃"持玻璃七宝杯，酌西凉州所献葡萄酒"，说明宫中极为看重玻璃器。

从金银器、玻璃器和秘色瓷，可以看出唐代上层饮食器具发生了很大变化，这对当时的饮食生活都产生过一定的影响。

唐代秘色瓷（陕西扶风法门寺地宫）

唐代琉璃器（陕西扶风法门寺地宫）

◎美食至美搭档：光洁的瓷器

中国瓷器，是对提升全人类饮食生活品质的一个伟大贡献。原始瓷器，在商代之时已经创制成功。到了东汉时期，瓷器制作技术已经相当成熟，瓷器也开始大举登上餐桌。

古人用餐，自唐代开始，极尚瓷器。唐代值得提到的有秘色瓷。秘色瓷一般是指越窑青瓷。它是专门为皇室和贵族烧制的一种薄胎、釉层润泽如玉的瓷器精品，其釉色有青绿、青灰、青黄等几种。烧造时间自唐至宋，五代和北宋初年是其发展高峰时期。最早提到秘色瓷的是唐人陆龟蒙的《秘色越器》诗，诗中有"九秋风露越窑开，夺得千峰翠色来"的句子，用"千峰翠色"来形容其釉色。

但人们一直并不知秘色瓷究竟是什么样，20多年前陕西扶风法门寺地宫出土了一批秘色瓷器，遂使真相大白。法门寺出土的秘色瓷器共有十余件，是唐代皇帝作为供品奉献给释迦牟尼"佛骨舍利"的稀世之珍。釉色以青绿色为主，也见黄釉带小冰裂纹。釉色纯正，釉质晶莹润泽，釉层富透明感。个别器物在口沿和足底镶嵌银扣或以平托手法装饰鎏金的镂空花鸟团花，更显典雅华贵。地宫出土《物帐》对秘色瓷有明确记述，人们由此看到了典型秘色瓷的真面目。

宋代定窑瓷碗

宋代磁州窑四系白釉刻花蒜头瓶

而元明最有代表性的当属青花瓷。青花瓷属釉下彩绘，是用钴料为呈色剂，在瓷坯上描绘纹饰，然后罩上一层透明釉，经1300℃高温还原焰烧成白底蓝花的瓷器，纹样呈现明快又沉静的青蓝色。白里泛青的釉质与幽靓青翠的纹样结合，清新明丽，庄重素雅，雅俗共赏。从扬州唐城遗址发现的青花瓷片来看，最早的青花瓷可能始烧于唐代。元代时青花瓷器已渐趋成熟，至明代进入盛期，不论是景德镇的官窑还是各地民窑其生产都达到了高峰。官窑青花制作不惜工本，制作讲究，从造型到纹饰和款式都十分精美。青花用料严格，大体上可分为三个阶段：明初特别是永乐、宣德时期，以色泽浓艳的进口料"苏泥勃青"为主，那是郑和下西洋时带回的钴料；从成化到正德的明代中期，以颜色淡雅幽蓝的国产料"平等青"为主；嘉靖后，以蓝中泛紫蓝的"回青"料为主。明代民窑青花瓷十分流行，它的图案装饰突破了历来规范化的束缚，出现了大量的写意、花鸟、人物、山水以及各种动物题材的画面，构图奇巧。

明永乐、宣德时期，景德镇官窑青花瓷器的烧造进入了一个全盛时代，这一时代被誉为青花瓷器制作的"黄金时代"。在今天的古陶瓷研究，尤其是鉴赏领域，人们最重视、最受欢迎的作品就是明早期永乐、宣德的景德镇官窑作品，有人甚至把永乐、宣德的青花名品同西方一些杰出的古典美术作品相提并论。

宋代耀州窑青釉大观款缠枝花纹碗

宋代钧窑碗

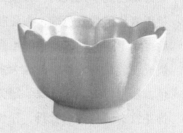
宋代汝窑温碗

清代蓝底粉彩碗

明代青花盘

清代五彩盘

青花瓷受到世界各国的喜爱，早在元代青花瓷就通过"丝绸之路"等渠道远销到地中海沿岸各国，连欧洲的一些贵族和富翁们都以拥有青花瓷为荣。元明时代制瓷业的另一个成就，是釉里红的烧造。釉里红是江西景德镇创烧于元代的一种釉下彩绘，是用氧化铜为着色剂，在瓷胎上彩绘后再覆上透明釉，经1300℃高温一次烧成。元代的釉里红制品大多呈灰黑色，器形以碗、盘、碟、罐为多，装饰花纹有缠枝莲、牡丹、松竹梅、云龙、龙凤和人物与动物等。明代，釉里红较为流行，呈色浅红而带灰色。装饰以线描为主，纹饰有缠枝菊纹、缠枝牡丹、缠枝莲等，器形有瓶、壶、盘、碗等。釉里红表现手法丰富多彩，有白底红花、红底白花、青白瓷加红斑和刻花青白瓷饰红彩等多种。明清时白底红花的鱼纹饰较流

行，鱼用来比喻富裕和吉祥。

清代食具仍以瓷器为主流，除了白瓷青瓷，更有多姿多彩的珐琅瓷和五彩瓷。

珐琅瓷是用进口珐琅料在皇宫造办处制成的一种极为名贵的宫廷御用瓷器，初创于康熙晚期，盛于雍正、乾隆时期，至嘉庆初期停止生产，清末民初又有仿清珐琅瓷的产品出现。珐琅瓷除康熙时有一些宜兴紫砂胎外，都是在景德镇烧制的白瓷器上绘图案，再二次烘烧，即成为精美的珐琅彩瓷器。

康熙珐琅瓷以红、黄、蓝、绿、紫、胭脂等色作底子，在花卉团中常加有"寿"字和"万寿无疆"等字，画作工整细腻，器物表面很少见白底。釉面有极细冰裂纹，极富立体感。雍正珐琅瓷制作更加完美，多是在白色素瓷上精工细绘，一改康熙时

有花无鸟图案，除在器物上绘竹子、花鸟、山水外，还配以相宜诗句。乾隆珐琅瓷采用轧道工艺，在器物局部或全身色地上刻画纤细的花纹，然后再加绘各色图案，大量吸收西方油画的技法，在题材上出现了《圣经》故事、天使、西洋美女等西洋画的内容，故又称为"洋彩"。

珐琅瓷是清代宫廷特制的一种精美的高档艺术品，也是中国陶瓷品种中产量最少的一种。乾隆皇帝曾说："庶民弗得一窥见。"因此珐琅瓷每件都可称为独一无二的精品。它不仅有欣赏价值，同时也具有很高的收藏价值。

清代瓷器中釉上加彩的五彩瓷也曾享誉一时。以彩色装饰瓷器的做法，起源很早，到明清两代釉上彩的配方有重大创新，以红、黄、绿、蓝、黑、紫等多种色彩绘制出画面，色彩绚丽，这便是五彩瓷。康熙时期的五彩瓷瑰丽多彩，品种繁多，相当珍贵。它的服釉和青花、斗彩相似，色彩主要为红、黄、蓝、绿、紫、黑等，以红彩为主。康熙时期的民窑五彩瓷，在装饰上受的束缚较少，所以图案题材丰富多样，运用自如，除花卉、仕女等，还大量采用戏曲和民间故事为题材。

◎汉代食尚：染炉与染杯

饮食方式是一个民族传统文化的重要表现形式之一，它的形成经过了漫长的历史发展过程。这发展过程包纳着创造，也包纳着扬弃，由此迈向更新的高度。历史的长河中就这样沉淀下许多古老的事物，当考古学家们发掘出这些文化遗存时，有时免不了陷入茫然无知的境地。例如对某些形状特别的器具，人们既不知名称，也不晓用途，这就积累下许多未解之谜。我们在此要谈的是表现古代一种特有的饮食方式的青铜染炉，便是通过几代学者的探索之后，才终于找到完满解释的一个例子。

染炉是一种形体小巧的器具，以青铜铸成。它的构造可分为三个部分：主体为炭炉，下部是承接炭灰的盘体，上面放置一具活动的杯。20世纪50年代在湖南长沙发掘出了一套这样的炉具，时代为西汉晚期。发掘者认为炉具可直接放在食案上，用于温热肉羹，因此名之为"烹炉"。

不久，在河南陕县也出土了一套，时代定在西汉中期，定名为"温炉"。到20世纪80年代，同类炉具又发现了好几套，如山东昌邑有1套，定名为"熏炉"，以为是作熏香之用；河南洛阳金谷园出土两套，发掘者认定是"温酒炉"；陕西茂陵（汉武帝刘彻陵墓）附近的一座从葬坑中也出有两套，炉体和杯体上镌有"阳信家铜炉"和"阳信家铜杯"的铭文，发掘者也称之为"温酒器"。此外，四川成都，陕西咸阳，山西太原、浑源和平朔，也都先后出土过这种炉具，有的炉盘内还遗有木炭，它们无一例外地都被称作是温酒器，都属西汉时期。

本来，这种带杯的炉具在20世纪50年代以前就有发现，有的甚至流散到国外，美国芝加哥博物馆就收藏有一套。这种炉具的出土，很快就引起了研究者的注意。已故著名考古学家陈梦家先生曾将炉上的杯称为"鏊"，定为烹饪器。商承祚先生不大同意这个说法，容庚先生则根据另外两件传世炉具的铭文"平安侯家染炉"、"史侯家染炉（染杯）"，正名为染炉和染杯。

后来一些学者认可了这种命名，并由铭文的"染"字顾名思义，认定这炉具是汉代贵族家庭染丝帛的工具。近年来的研究又表明，它既非染色炉，亦非温酒器，而是一种食器，是专用于温食鼓酱的器具。研究者援引《吕氏春秋·当务》所记载的一则寓言来论证。寓言说的是齐国有两个武士，他们分住城东城西，一天偶然相遇途中，同至店中饮酒。饮酒无肉，结果商定互相从身上割肉来吃，"于是具染而已，因抽刀而相啖"。汉代学者高诱注此处所说的染为鼓

西汉火锅青铜染炉

西汉染炉（陕西西安）

汉代食案与染炉

酱，是染酱而食，故此推定染炉便是用于温酱的，适于隆冬时节使用。

需要指出的是，按《礼记·曲礼》的说法，古人食酱惯于凉食，并不需温热，汉代人当不至反其道而行之，还要造专门温酱的炉具来使用。从《吕氏春秋》所说的那两个狂人看来，他们在割肉互啖时，仅是"具染而已"，是言准备了染具就吃起来，而染具自然就是染杯和染炉了。说的是二人迫不及待，边割边染，这方法与我们知道的涮羊肉差不多。染炉实际上是一种火锅，因而可以肯定是饮食器具。染而食之，这在汉代当是一种很重要的饮食方式，染具在许多地方都有出土即是最好的证明。

说染炉类似现代意义的火锅，用我们现在的眼光看，似乎显得过于小了一些。染杯小而浅，容量超不出300毫升，整套炉具高不过15厘米，小得不能再小了。考虑到汉代实行的是分餐制，一人一案，一人一炉，再加上其他馔品，不用担心吃不饱肚子。我们还发现，在江苏和浙江地区出土的汉代画像石上，在宴饮场面上隐约找到类似染炉的原形，这也算是一个很好的证据。

将染炉说成是温酒器，这在考古界还相当流行。虽然炉上的染杯在汉代是一种通用的酒具，但它同时也可以做食器。我们习惯上将这种低矮的双耳杯称为"耳杯"，出土耳杯上发现有"君幸食"字样，有的里面还盛有鱼骨和鸡骨，这都是它既作酒具也做食器的直接证据。又据《汉书·地理志》的记载说，"都邑都仿效吏及内郡贾人，往往以杯器食"，表明汉代官吏商贾乃至平民，都崇尚使用耳杯进食的风气。再又说回来，虽然汉代流行饮温酒的做法，可是如果将酒杯放在炽热的炭火上，又有谁端得了这烧热的杯、饮得下这滚烫的酒呢？更何况汉代温酒有专制的酒铛，热源是温水而不是炭火。

从类似染具可以推测在战国晚期染具已经较为流行，1966年在陕西咸阳塔儿坡就曾出土过一套，它的染杯上也铸有四足，与炉盘连接成一体。这就更没法做温酒器了，怎么可以想象饮酒时连火炉都要抱起来呢？

染炉体现了汉代贵族饮食生活的一个侧面，它是炊器与食器结合使用的一个成功的例证。它既不是染色器，也不是温酒器，而是一种雅致的食器。当代流行的火锅，与这染炉具有很明显的渊源关系。

◎御膳膳单：美食配美器

帝王享用美食，谓之进膳。为帝王烹制的美食，则称为御膳，记录这御膳的菜谱便是膳单。在绝大多数情况下，御膳均为至美至嘉之膳，御膳显示的烹饪水平自然也是至精至巧的。

贵居天子之位，饮食之丰盛，无以复加，这当是周代时所创下的定例。周天子的饮馔分饭、饮、膳、羞、珍、酱六大类。《礼记·内则》所列天子的饮食品名有饭8种，膳20盘，饮6种，酒2种，馐2种。实际上天子之羞多至百二十品，不可胜数。有时另加"庶馐"，瓜果辛物，应有尽有。

历代御膳大多应当是极丰盛的，但典籍所见清以前御膳膳单却极少。《清异录》抄录有谢讽《食经》中的53种肴馔，是十分珍贵的资料。谢讽为隋炀帝的"尚食直长"，他的《食经》实际是御膳膳单。不过御膳膳单只有清代的保留较为完整。清代档案中有大批皇帝皇族的膳单，膳单不仅写明每次膳食的品种，有时还注明用膳时间，指明厨师名姓，注明哪道肴馔用哪种餐具盛送，非常详细。

清代皇帝平日用膳的地点并不固定，多在寝宫、行宫等经常活动的地方。每天用膳分早晚两次，早膳为卯时，约六七点钟，应当说是比较早的；

清宫帝后膳桌

晚膳在午未时之间，实际算是午餐。晚餐吃得太早，显然不易挨到天黑，所以还要进一次晚点。皇上一般是单独用膳，任何人不能与他同桌，除非特别允许。丰盛的馔品，皇上一人无论如何是吃不完的，剩下的食物都赐给大臣、妃嫔、皇子、公主，嫔妃们再剩的食物，又转赐宫女和太监们。

乾隆皇帝十二年（1747年）十月初一日所进晚膳，膳单上的记述是：

万岁爷重华宫正谊明道东暖阁进晚膳，用洋漆花膳桌摆。

燕窝鸡丝、香蕈丝、白菜丝、馓平安果一品，红潮水碗。续八鲜一品，燕窝鸭子、火熏片馓子、白菜、鸡翅、肚子、香蕈。合此二品，张安官做。

肥鸡、白菜一品，此二品五福大珐琅碗。肫吊子一品，苏脍一品，饭房托场澜鸭子一品，野鸡丝酸酲菜丝一品，此四品铜珐琅碗。

后送芽韭炒鹿脯丝，四号黄碗，鹿脯丝太庙供献。烧麂肉、锅溻鸡丝、晾羊肉攒盘一品，祭祀猪羊肉一品，此二品银盘。

糗饵粉餈一品，象眼棋饼、小馒首一品，黄盘。

折叠奶皮一品，银碗。烤祭神糕一品，银盘。

酥油豆面一品，银碗。

蜂蜜一品，紫龙碟。

拉拉一品，二号金碗；内有豆

泥，珐琅葵花盒。

小菜一品，南小菜一品，菠菜一品，桂花萝卜一品，此四品五福捧寿铜珐琅碟。

匙箸、手布安毕进呈。

随送粳米膳进一碗，照常珐琅碗、金碗盖；羊肉卧蛋粉汤一品，萝卜汤一品，野鸡汤一品。

咸丰十一年（1861年）十二月三十日，即位不久的小皇帝载淳的除夕晚膳是：

"万年如意"大碗菜四品——燕窝"万"字金银鸭子，燕窝"年"字三鲜肥鸡，燕窝"如"字锅烧鸭子，燕窝"意"字什锦鸡丝。

怀碗菜四品——燕窝熘鸭条，攒丝鸽蛋，鸡丝翅子，熘鸭腰。

碟菜四品——燕窝炒炉鸭丝，炒野鸡爪，小炒鲤鱼，肉丝炒鸡蛋。

片盘二品——挂炉鸭子，挂炉猪。

饽饽二品——白糖油糕，如意卷。

燕窝八仙汤。

咸丰十一年十月初十日．皇太后慈禧所用的一桌早膳是：

火锅二品——羊肉燉豆腐，炉鸭燉白菜。

"福寿万年"大碗菜四品——燕窝"福"字锅烧鸭子，燕窝"寿"字白鸭丝，燕窝"万"字红白鸭子，燕窝"年"字什锦攒丝。

中碗菜四品——燕窝肥鸭丝，熘鲜虾，三鲜鸽蛋，烩鸭腰。

碟菜六品——燕窝炒熏鸡丝，肉片炒翅子，口蘑炒鸡片，熘野鸭九

清宫珐琅彩盖碗

清代龙纹大盘

清代珐琅彩碗

子，果子酱，碎熘鸡。

片盘二品——挂炉鸭子，挂炉猪。

饽饽四品——百寿桃，五福捧寿桃，寿意白糖油糕，寿意首蓿糕。

燕窝鸭条汤。鸡丝面。

看样子慈禧太后极爱吃燕窝、鸭子，给儿皇帝吃的也多是这两样。

不论帝后妃嫔及皇子、公主、福晋们吃不吃得了那么多，每日膳食总是那么丰盛。膳食所需物料，都按吃不了的分例备办，浪费十分惊人。

慈禧用膳，一日三顿。传膳前，厨房将菜肴装入膳食盒，放在廊下几案上。盛菜的用具是木制淡黄色膳盒，外描蓝色二龙戏珠图案。盛菜器皿下附锡座，座内有热水，外包棉垫，能保温一段时间。传膳时，膳房学徒的小太监们身穿蓝布袍，手腕上套白套袖，排队于廊下候旨。传旨开膳，小太监们各将膳盒搭在右肩上，依次入内，由内侍太监接膳盒，将菜肴摆上膳桌。总管李莲英先用银筷试尝，避免有人下毒。用膳时，太后眼光向着哪道菜，太监就将那道菜送到她面前。

◎饮食觅佳境

有一个成语叫渐入佳境，源出晋代画家顾恺之吃甘蔗的故事，说他爱从梢吃到根，越吃越甜，这叫"渐入佳境"。这是一种味觉的佳境，古人其实也注意追求饮食外在环境美，也是一种佳境。

饮食要有良好的环境气氛，可以增强人在进食时的愉悦感，起到锦上添花的效果。吉庆的筵席，必得设置一种喜气洋洋的环境，在欢欢喜喜的气氛中品尝美味。有时聚会未必全为了寻求愉悦的感受，还有抒发别离的愁苦和相思的郁闷，那最妙处就该是古道长亭和孤灯月影了。作为饮食的环境气氛，以适度为美，以自然为美，以独到为美。而在上流社会看来，奢华也是美，所以追求排场也被认为是一种美。

饮食佳境的获得，一在寻，二在造。寻自然之美，造铺设之美。天成也好，人工也罢，美是无处不在的，靠了寻觅和创造，便可获得最佳的饮食环境气氛。

先说佳境的寻觅。

鬼斧神工的幽雅峻峭，司空见惯的柳下花前，小桥流水，芳草萋萋，自然之美，无处不在，佳境原本用不着寻觅。但自然之美，有时还得屈尊郊野，远足寻觅。把那盘盘盏盏的美酒佳肴，统统搬到郊野去享用，另有一种滋味，别有一番情趣。郊游野宴，自然以春季为佳，春日融融，和风习习，花红草青，气息清新，难怪唐人语出惊人："握月担风且留后日，吞花卧酒不可过时。"

唐代长安人春游的最好去处，是位于城东南的曲江池。曲江池最早为汉武帝时凿成的，唐时又有扩大，周围广达10余公里。这是长安都城风光最美的开放式园林，池边遍植以柳木

为主的树木花卉，池面泛着美丽的彩舟。池西为慈恩寺和杏园，杏园为皇帝经常宴赏群臣的所在。池南建有紫云楼和彩霞亭，都是皇帝和贵妃登临的处所。阳春三月上巳节，皇帝为了显示升平盛世，君臣同乐、官民同乐，不仅允许皇亲国戚、大小官员随带妻妾、侍女及歌伎参加曲江盛大的游宴会，还特许京城中的僧人、道士及平民百姓共享美好时光。如此一来，曲江处处张设筵幕，皇帝贵妃在紫云楼摆宴，高级官员在近旁的亭台设食，翰林学士们则被特允在彩舟上畅饮，一般士庶也能在花间草丛得到一席之地。在长安发现的唐代韦氏家族墓壁画《野宴图》，描绘的大约就是这种春日野宴的情景。

对于青春年少的贵家子弟来说，春日游宴更是他们的主要活动之一，也是表示他们不负春光的一种生活方式。他们的出行自然就不限于三月三日这一天了，据《开元天宝遗事》说，长安阔少每至阳春，都要结朋联党，骑着一种特有的矮马，在花树下往来穿梭，令仆从执酒皿随之，遇上好景致则驻马而饮。而仕女们也有游春野步的兴致，遇名花则藉草而坐，还要解下亮丽的石榴裙围成一圈，在里面自得其乐，谓之"裙幄"。还有人带上油布帐篷，以防天阴落雨，任

明代佚名绘《游春图》

它春雨淅沥，仍可尽兴尽欢。

唐时都城的春游，政府也是支持的，官员们因此还享受春假的优遇。据《通鉴》记载，开元十八年（730年），初令百官于春月旬休，选胜行乐。不仅放了长假，还有盛宴，增赐钱钞，百官尽欢。私人如有园圃，那就更自在了，如《扬州事迹》所说，扬州太守圃中有杏花数十株，每至盛开，要张大宴观花。一株令一女子倚立其旁，以美人与杏花争艳，为春宴

增辉，别出心裁。

佳境的寻觅，自然不限于春日。还有赏花，也是一个张筵的理由。花开四季，筵宴的名目也就与花朵紧密联系起来。《闻见前录》说，洛阳人爱赏花，正月梅花，二月桃李，三月牡丹，花开时都人士女载酒争出，择园林胜地，引满歌呼，虽贫者亦以戴花饮酒为乐。而赏花的方式也新样迭出，《曲洧旧闻》说，宋人范镇在居处作长啸堂，堂前有酴醿架，春末花

清金廷标绘《莲塘纳凉图》

敦煌390窟唐代壁画《嫁娶观舞图》，现场似乎有冰盘。

开，于花下宴请宾客。主宾相约，花落杯中，谁的杯子见花谁就要罚干。花落纷纷扬扬，无一人能免于罚酒，这酒宴就有了一个雅名，叫作"飞英会"。有了许多的赏花宴，也就有了许多的诗文，如唐人刘兼的《中春宴游》诗云："二月风光似洞天，红英翠萼簇芳筵"，写的就是这种赏花宴。在宋人欧阳修的诗作中，也能读到这样的句子，如《南园赏花》云："三月初三花正开，闲同亲旧上春台。寻常不醉此时醉，更醉犹能举大杯。"又有邵雍《乐春吟》："好花方蓓蕾，美酒正轻醇。安乐窝中客，如何不半醺？"

赏花筵宴名称一般也都是极美的，陶宗仪《元氏掖庭记》提及的这类筵宴的名称，有"爱娇之宴"、"浇红之宴"及"暖妆"、"拨寒"、"惜香"、"恋春"等，十分别致。花至美，酒至醇，这种感受并不是天天都能得到的，所以要赏花到花谢，饮酒到酒醉，明代李攀龙有一首诗表达的正是这样的感受："梁园高会花开起，直至落花犹未已。春花著酒酒自美，丈夫但饮醉即休。"

饮食佳境可以寻觅，也可以造设。如筵宴环境气氛的烘托，主要依靠的是陈设。华美与素雅，都靠陈设手段的变换，达到预想的效果。此外，温度调节也是创造佳境的一个手段，这在古代运用也是有传统的，炎暑的降温和严寒的升温都不是太难办到的事。春秋选胜而游,气候宜人,环境不必过于雕琢。冬夏则不同,暑寒难耐,所以环境的创造很注重温度的调节。

据陈继儒《辟寒》说,十六国时后赵国君石虎,在严冬设有"清嬉浴室",是一座人造温室,可供宴乐娱戏。石虎在严寒季节作铜龙数千个,各重数千斤,放在火里烧成红色,再投入水中,让水保持恒温,取名为"焦龙温池"。如是炎夏降温,古人每以冰块降温,这办法的采用不会晚于周代。宫廷有凌室,冬日取坚冰藏之,供夏季取用。考古发现过东周时代的凌室遗址,也发掘到北魏时代的冰殿遗址。冰殿是在洛阳汉魏故城西北部的一座夯土台上发现的,直径为4.9米,平面为圆形,底部为冰池,池上立柱承梁,梁上铺板。这冰殿当是帝王避暑宴饮之所,是个难得的发明。

用凉冰改善夏季的环境温度,在古代都城中是一种较为常见的做法。《开元天宝遗事》说,唐代杨国忠子弟"每至伏中取大冰,使匠琢为山,周围于宴席间。座客虽酒酣,而各有寒色,亦有挟纩者"。宴席周围放上冰雕,造成一种十分凉爽的环境,那些身体稍弱的人甚至要穿上棉衣赴

宴,可见降温效果也是很明显的。杨氏子弟夏日还用坚冰琢为凤兽之形,还饰以金环彩带,置雕盘中玩赏,这要算年代较早的冰雕了。

除了用冰,改善筵宴环境温度的办法还有一些。首先,搭凉棚为一法。《开元天宝遗事》说:"长安富家子刘逸、李闲、卫旷,家世富豪,而好待士,每至暑伏中,各于林亭内植画柱,以锦结为凉棚,设坐具,召长安名妓闲坐,递请为避暑会,人皆羡慕。"更有甚者,有设水室洞房者,如《销夏部》说,"鱼胡恩有洞房,四壁爽安琉璃板,中贮江水及萍藻诸色鱼蟹,号鱼藻洞"。其次,是进凉食用凉物,如《云仙杂记》所说:"房寿六月召客,坐糠竹簟,凭狐文几,编香藤为俎,剖椰子为杯;捣莲花制碧芳酒,调羊酪造含风鲊,皆凉物也。"

还有更好的办法,就是运用科学手段,如《杜阳杂编》提到同昌公主宴客,方法奇绝。说公主有一日在广化里设宴,摆满了美味佳肴,可天气太热,于是公主让人取来澄水帛,以水蘸之,挂于南轩,冷得满座人都想多穿点衣服。这澄水帛长达八九尺,像布帛一样轻细,薄得透亮,因里面有龙涎,所以能消暑毒。古人说的龙涎,是患病抹香鲸的分泌物,可制龙

涎香，有通脉活血生津之效，大概有一定的防暑作用。

在宋代，酒楼食肆也采用了调节温度的措施，改善了饮食环境。据《东京梦华录》和《梦粱录》等书记载，不论是汴京还是临安，酒楼食店的装修都极为考究，大门有彩画，门内设彩幕，店中插四时花卉，挂名人字画，借以招揽食客。在档次较高的酒楼，夏天增设降温的冰盆，冬天添置取暖的火箱，使人有宾至如归的良好感觉。

佳境的创设，历来以宫廷筵宴最为排场。宋代的宫廷大宴的讲究环境气氛，正史也有记述。宋制凡大宴，有司预先在殿庭设山楼排场，为群仙队仗、六番进贡、九龙五凤之状。殿上陈列锦绣帷帘，垂挂香毯等。

民间虽看不到宫廷内那样的排场，不过对于那些有条件的权势者来说，铺设照例也是很认真的，尤其是在举办意义重大的筵宴时，更是一点也不敢马虎，想方设法造出需要的气氛来。曲阜孔府寿宴的环境陈设，就极注重烘托气氛。寿宴场所用华灯四垂，红灯高照，餐桌用乌黑闪亮的八仙桌，用以团花锦绣的桌围和椅披。正中挂"寿"字中堂或寿星和合二仙的名画，两边配以"人逢喜事精神爽，天时地和瑞气升"的对联。靠墙的楠木条几上，左摆古瓶，右放铜镜，中间置一檀木如意，以象征祝福万事如意，平平（瓶）静静（镜）。

◎春的味道：唐人的游宴

唐人在举行比较重大的筵宴时，都十分注重节令和环境气氛。有时本来是一些传统的节令活动，往往加进一些新的内容，显得更加清新活泼。

古代中国采用科举考试的办法选拔官吏，是从隋代开始的，唐代进一步完善了这个制度。每年进士科发榜，正值樱桃初熟，庆贺及第新进士的宴席便有了"樱桃宴"的美雅称号。宴会上除了诸多美味之外，还有一种最有特点的时令风味食品，就是樱桃。由于樱桃并未完全成熟，味道不佳，所以还得渍以糖酪，食时赴宴者一人一小盅，极有趣味。

事实上，这种樱桃宴并不只限于庆贺新科进士。在都城长安的官府乃至民间，在这气候宜人的暮春时节，也都纷纷设宴。馔品中除了糖酪樱桃外，还有刚刚上市的新鲜竹笋，所以这筵宴又称作"樱笋厨"。这筵宴一般在三月三日前后举行，是自古以来上巳节的进一步发展。

皇帝为新进士们举行的樱桃宴，地点一般是在长安东南的曲江池畔。唐代大诗人杜甫的《丽人行》云："三月三日天气新，长安水边多丽人……紫驼之峰出翠釜，水精之盘行素鳞。犀箸厌饫久未下，鸾刀缕切空纷纶。黄门飞鞚不动尘，御厨络绎送八珍。"这描写的是权臣杨国忠与虢国夫人等享用紫驼素鳞华贵菜肴，游宴曲江的情形。翠釜烹之，水晶盘盛

之，犀角箸夹之，鸾刀切之，该是多么快意！新科进士更是得意，这从刘沧《及第后宴曲江》诗中看得出来："及第新春选胜游，杏园初宴曲江头。紫毫粉壁题仙籍，柳色箫声拂御楼。雾景露光明远岸，晚空山翠坠芳洲。归时不省花间醉，绮陌香车似水流。"

许多食风的形成以及相应食品的发明，与季节冷暖有极大的关系，如《清异录》所载的"清风饭"即是。唐敬宗李湛宝历元年（825年），宫中御厨开始造清风饭，只在大暑天才造，供皇帝和后妃做冷食。造法是

唐代壁画《野宴图》

《虢国夫人游春图》

用水晶饭（糯米饭）、龙睛粉、龙脑末（冰片）、牛酪浆调和，放入金提缸，垂下冰池之中，待其冷透才取出食用。这食法同现代用电冰箱做冷食冷饮并无区别，那冰池实际是以冰为冷气源的冷藏库。

夏有清风饭，冬则有所谓"暖寒会"。据《开元天宝遗事》所载，唐代有个巨豪王元宝，每到冬天大雪纷扬之际，便吩咐仆夫把本家坊巷口的雪扫干净，他自己则亲立坊巷前，迎揖宾客到家中，准备烫酒烤肉款待，称为"暖寒之会"。

把饮食寓于娱乐之中，本是先秦及汉代以来的传统，到了唐代，则又完全没有了前朝那些礼仪规范的束缚，进入了一种更加自由的境地。包括一些传统的节日在内，又融进了不少新的游乐内容。比如宫中过端午节，将粉团和粽子放在金盘中，用纤小可爱的小弓架箭射这粉团粽子，射中者方可得食。因为粉团滑腻而不易射中，所以没有一点本事也是不大容易一饱口福的。不仅宫中是这样，整个都城也都盛行这种游戏。

每逢节日，一些市肆食店，也争相推出许多节令食品，以招揽顾客。《清异录》记载，唐长安皇宫正门外的大街上，有一个很有名气的饮食店，京人呼为"张手美家"。这个店的老板不仅可以按顾客的要求供应所需的水陆珍味，而且每至节令还专卖一种传统食品，结果京城处处都有食客被吸引到他的店里。"张手美家"经营的节令食品有些继承了前朝已有的传统，如人日（正月七日）的六一菜（七菜羹）、寒食的冬凌粥，新的食品则有上元（正月十五日）的油饭、伏日的绿荷包子、中秋的玩月羹、重阳的米糕、腊日的萱草（俗称金针、黄花菜）面等等。这些食品原本主要由家庭内制作，食店开始经营

后，使社会交际活动又多了一条途径，那些主要以家庭为范围的节令活动扩大为一种社会化的活动。

在唐代人看来，饮食并不只为了口腹之欲，并不单纯求吃饱，而是以吃好为原则，他们因此而在吃法上变换出许多花样来。著名诗人白居易，曾任杭州、苏州刺史，大约在此期间，他举行过一次别开生面的船宴。他的宅院内有一大池塘，水满可泛船。他命人做成一百多个油布袋子，装好酒菜，沉入水中，系在船的周围随船而行。开宴后，吃完一种菜，左右接着又上另一种菜，宾客们被弄得莫名其妙，不知菜酒从何而来。这类饮食很难说只是为了滋味，它给人的愉悦要多于滋味，这就是环境气氛的作用。这时的烹饪水平也为适应人们的各种情趣提高了许多，大型冷拼盘的出现就是证明。《清异录》载，唐代有个庖术精巧的梵正，是个比丘尼，她以鲊、鲈脍、肉脯、盐酱瓜蔬为原料，"黄赤杂色，斗成景物，若坐及二十人，则人装一景，合成'辋川图'小样"。这空前绝后的特大型花色拼盘，美得让人只顾观赏，不忍食用。辋川为地名，在西安东南的蓝田县境内，因谷水汇合如车辋之形，故有此名。辋川本是唐代著名诗人宋之问和著名山水诗人兼画家王维的别

墅所在地，那里有白石滩、竹里馆、鹿柴等二十处游览景区。梵正按王维所作《辋川图》一画中二十景做成的风景拼盘，是唐代烹饪史上少有的创举。

当然，也有一些人是专求美味而不知风雅，他们天天都在过年过节，尽力搜求四方珍味，和州刺史穆宁就算是一个典型。这穆宁有十分严厉的家法，他命几个儿子分班值馔，为他筹划每日饮食，稍不如意，就用棍棒伺候。几个儿子在轮到自己值馔之前，"必探求珍异，罗于鼎俎之前，竞新其味，计无不为"，看馔一味比一味新，办法一个比一个好，然而还是免不了笞叱。有时给弄到特别好吃的东西，穆宁在饱餐之后，大声喊道："今天谁当班？可与棍棒一起来！"结果当班的还是挨了一顿板子，那原因是"如此好吃的东西，怎么这么晚才送来？"

◎ 商王后妃的老汽锅

云南有一款名菜，叫作"汽锅鸡"。我虽有幸去滇池岸边一游，却未曾品到这鸡的美味，但从人们眉飞色舞的描述中，也有些心领神受了。云南人为自己能烹出汽锅鸡深感骄傲，甚至还认定汽锅也是云南人的创造，发明者就是家居南部建水县的陶工向逢春，而且明确指出发明的时间是1912年。

云南汽锅鸡

照这么算来，汽锅的历史还不足一百年。其实不然，许多考古发现表明，汽锅的历史十分古老，古老到不是几十年或几百年，而是三千年以上。中国古代不仅早就有了陶瓷汽锅，而且还有青铜汽锅，年代早到殷

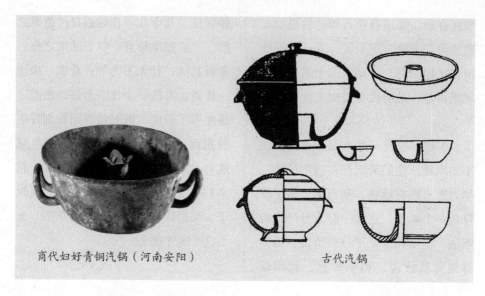

商代妇好青铜汽锅（河南安阳）　　古代汽锅

商时代。

20世纪70年代商代考古的一个重要收获，是安阳殷墟妇好墓的发掘。妇好是商王武丁的配偶，她的墓中随葬有大量精美的玉器和青铜器，其中就有一件稀见的青铜汽锅。这件汽锅外观如盆形，高15.6厘米，口径31厘米，重4.7公斤。锅内有透底的空筒汽柱，高13.1厘米，柱首铸成开启的四瓣花形状，穿有四个汽孔。锅体表面饰有精美的纹饰，并附有两个提耳。

妇好青铜汽锅被发掘者称为"汽柱甑形器"，这是因为它与甑的用处很有些相似。但两者在使用上还是有明显的区别，汽锅一般不像甑那样直接放到釜上以吸收蒸汽，而是要放到甑内，为甑中之甑。汽锅接收的是甑中的回旋蒸汽，形成的汽水没有孔道流出去，可使烹调的食物保存更多的原味。云南汽锅鸡之美，当是美在此。

古代中国一直都有使用汽锅烹饪的传统，大量的考古发现证实了这一点。除了商代的，战国时代、汉代、隋唐时代的汽锅都有出土。例如30多年前在贵州清镇平坝汉代墓葬中，曾出土一种陶质汽锅，锅内有粗矮的汽柱，并配有锅盖。同样的陶质汽锅在广西平乐银山岭的汉墓中也有发现，大小也相差不多。综合考古资料可以看出，古代汽锅大体分为南北两种类型，北型汽锅多浅腹平底，汽柱较细，无盖；南型汽锅多深腹圈足，汽柱较粗，有盖。既有这些差异，可以想象南北烹制出的风味是不同的。现代流行汽锅的款式都属古代南型系统，表明南型汽锅具备明显的优势。

在《礼记·内则》所记周王享用的"八珍"中，其三珍、四珍为炮豚炮羊，是将炮过煎过的肉块与调料盛在小鼎内，然后放进大釜中煮，为釜中之釜，这烹法与甑中之甑的汽锅法很有些相似，只是八珍中不曾包纳有汽锅馔品，似乎汽锅馔品还不一定是周代贵族们餐案上必备的食物。

虽然我们发掘了不算少的古代汽锅实物，可在古籍上却没能找到有关汽锅使用的文献记载，更没有在古代较早的食经食谱上看到汽锅鸡之类的烹调方法。其原因可能是古人将汽锅烹法笼统地归入到蒸法里去了，所以我们今天很难将文字记录中的两种烹法区别开来。而且，古代也并不使用汽锅这一专有名称，所以就更不容易发现古人用它进行烹饪的记载了。正因为这样，当考古发现商代青铜汽锅时，着实让烹饪界吃了一惊。

中国的蒸法是东方饮食文化独特的内涵之一，它起源于史前时代，是黄河长江流域新石器时代居民的伟大创造。汽锅是蒸技基础上的再创造，是一个成功的创造。我们注意到，北魏时期的贾思勰在他的名著《齐民要术》中，专用一节记述了当时的蒸菜术，是古代中国利用蒸汽的一次总结。贾思勰提到的蒸菜包括蒸羊、蒸熊、蒸猪头、蒸莲藕等，这都是直接放入甑中蒸成。他在这一节还提及一种"悬熟"法，说用十斤去皮猪肉切成块，加葱白一升、生姜五合、橘皮二叶、秫米三升、豉汁五合调味，经过较长时间蒸成。这里所说的悬熟，可能指的是汽锅法，是以汽锅蒸熟。此说是否妥帖，无法准确认定。

古代文献上似乎难以找到汽锅早已存在的蛛丝马迹，但是考古发掘却提供了确凿的实物证据，证明汽锅的发明早在商代已完成，更证明中国人利用蒸汽能的历史不止是这三千多年，而是六千多乃至七千多年。